普通高等教育"十三五"规划教材

服务外包产教融合系列教材

主编 迟云平 副主编 宁佳英

Flash软件
应用基础

金晖 曹译文 编著

U0396463

华南理工大学出版社
SOUTH CHINA UNIVERSITY OF TECHNOLOGY PRESS

·广州·

图书在版编目(CIP)数据

Flash 软件应用基础/金晖,曹译文编著. —广州:华南理工大学出版社,2018.8
(2023.11 重印)

(服务外包产教融合系列教材/迟云平主编)
ISBN 978 - 7 - 5623 - 5537 - 3

Ⅰ.①F⋯ Ⅱ.①金⋯ ②曹 Ⅲ.①动画制作软件 - 教材 Ⅳ.①TP391.414

中国版本图书馆 CIP 数据核字(2018)第 003344 号

Flash 软件应用基础

金　晖　曹译文　编著

出 版 人:柯　宁

出版发行:华南理工大学出版社

　　　　　(广州五山华南理工大学 17 号楼,邮编 510640)

　　　　　http://hg. cb. scut. edu. cn　E-mail:scutc13@ scut. edu. cn

　　　　　营销部电话:020 - 87113487　87111048 (传真)

总 策 划:卢家明　潘宜玲

执行策划:詹志青

责任编辑:王荷英　詹志青

责任校对:袁桂香

印 刷 者:广州小明数码印刷有限公司

开　　本:787mm×1092mm　1/16　印张:14.75　字数:314 千

版　　次:2018 年 8 月第 1 版　印次:2023 年 11 月第 2 次印刷

定　　价:38.00 元

"服务外包产教融合系列教材"
编审委员会

总　序

发展服务外包，有利于提升我国服务业的技术水平、服务水平，推动出口贸易和服务业的国际化，促进国内现代服务业的发展。在国家和各地方政府的大力支持下，我国服务外包产业经过 10 年快速发展，规模日益扩大，领域逐步拓宽，已经成为中国经济增长的新引擎、开放型经济的新亮点、结构优化的新标志、绿色共享发展的新动能、信息技术与制造业深度整合的新平台、高学历人才集聚的新产业，基于互联网、物联网、云计算、大数据等一系列新技术的新型商业模式应运而生，服务外包企业的国际竞争力不断提升，逐步进入国际产业链和价值链的高端。服务外包产业以极高的孵化、融合功能，助力我国航天服务、轨道交通、航运、医药、医疗、金融、智慧健康、云生态、智能制造、电商等众多领域的不断创新，通过重组价值链、优化资源配置降低了成本并增强了企业核心竞争力，更好地满足了国家"保增长、扩内需、调结构、促就业"的战略需要。

创新是服务外包发展的核心动力。我国传统产业转型升级，一定要通过新技术、新商业模式和新组织架构来实现，这为服务外包产业释放出更为广阔的发展空间。目前，"众包"方式已被普遍运用，以重塑传统的发包/接包关系，战略合作与协作网络平台作用凸显，从而促使服务外包行业人员的从业方式发生了显著变化，特别是中高端人才和专业人士更需要在人才共享平台上根据项目进行有效整合。从发展趋势看，服务外包企业未来的竞争将是资源整合能力的竞争，谁能最大限度地整合各类资源，谁就能在未来的竞争中脱颖而出。

广州大学华软软件学院是我国华南地区最早介入服务外包人才培养的高等院校，也是广东省和广州市首批认证的服务外包人才培养基地，还是我国服务外包人才培养示范机构。该院历年毕业生进入服务外包企业从业平均比例高达66.3%以上，并且获得业界高度认同。常务副院长迟云平获评2015年度服务外包杰出贡献人物。该院组织了近百名具有丰富教学实践经验的一线教师，历时一年多，认真负责地编写了软件、网络、游戏、数码、管理、财务等专业的服务外包系列教材30余种，将对各行业发展具有引领作用的服务外包相关知识引入大学学历教育，着力培养学生对产业发展、技术创新、模式创新和产业融合发展的立体视角，同时具有一定的国际视野。

当前，我国正在大力推动"一带一路"建设和创新创业教育。广州大学华软软件学院抓住这一历史性机遇，与国家发展和改革委员会国际合作中心合作成立创新创业学院和服务外包研究院，共建国际合作示范院校。这充分反映了华软软件学院领导层对教育与产业结合的深刻把握，对人才培养与产业促进的高度理解，并愿意不遗余力地付出。我相信这样一套探讨服务外包产教融合的系列教材，一定会受到相关政策制定者和学术研究者的欢迎与重视。

借此，谨祝愿广州大学华软软件学院在国际化服务外包人才培养的路上越走越好！

国家发展和改革委员会国际合作中心主任

2017年1月25日于北京

前　言

　　Adobe Flash CC 是 Adobe 公司推出的 Flash 系列软件中的新版本，也是目前使用较为广泛的网页动画制作软件。与 Flash CS 6.0 相比，其功能更强大，界面更简洁。

　　本书紧密结合 Adobe Flash CC 的新功能，深入浅出、循序渐进地介绍了 Adobe Flash CC 的使用方法与技巧。读者可以通过每个实例认真练习，在操作过程中提高自己的动画制作水平。

　　全书共分十章进行讲解：

　　第一章主要对 Flash 软件进行简单的介绍，让初学者对 Flash 软件的功能、应用有一个认识，并能掌握 Adobe Flash CC 的基本操作。

　　第二章主要介绍 Adobe Flash CC 工具的使用。通过该章的学习，读者可以掌握如何运用 Adobe Flash CC 工具进行图像的绘制和编辑。

　　第三章主要介绍文本工具。通过该章实例的学习，读者可以利用 Flash 制作一些文字特效。

　　第四章主要介绍 Flash 动画的基本概念。通过该章的学习，读者可以掌握如何正确使用动画帧。

　　第五章主要介绍 Flash 基本动画的制作方法。通过该章实例的学习，读者可以掌握制作图形渐变、运动渐变动画的方法。

　　第六章主要介绍 Flash 运动路径及遮罩动画的制作。通过该章实例的学习，读者可以掌握一些特效动画的制作方法。

　　第七章主要介绍 ActionScript 脚本的使用。通过该章的学习，读者可以完成基本的交互制作。

　　第八章主要介绍声音的应用。通过该章学习，读者可以为自己制作的

Flash 动画添加丰富的声音效果。

第九章主要介绍 Flash 动画的导出和发布。通过该章的学习，读者可以对自己的动画制作进行优化，并选择合适的格式导出和发布。

第十章主要围绕全书各章节重点知识进行综合创作，以实例的方式进行详细讲解。

书后附录主要介绍服务外包在动画行业中的作用。

本书内容丰富，易学易用，适用性、可操作性极强，不仅可以指导读者学习 Adobe Flash CC 中各个工具的使用，还以详尽的实例指导读者学习利用 Adobe Flash CC 制作网页动画，开拓读者的思维，激发读者的创作力，是初、中级读者学习 Adobe Flash CC 的理想用书。

本书结合多位老师多年教学的实践经验编写而成。其中第一、二、三、八、九章及附录由金晖老师编写，第四、五、六、七、十章由曹译文老师编写。由于编者经验有限，书中难免存在疏漏和不足之处，恳请专家和读者不吝赐教。

本书相关电子资源可至出版社官网下载专区通过右下方"资讯搜索"搜索书名下载。

编　者

2018 年 4 月

目　录

1 认识 Flash

【知识要点】

- 了解 Flash 的发展过程；
- 熟悉 Flash 的工作界面；
- 掌握 Flash 文件的基本操作。

Flash 是目前使用最为广泛的网页动画制作和网站建设编辑软件之一。它是美国 Macromedia 公司推出的世界级主流网络多媒体交互动画工具软件，支持动画、声音、视频等格式文件，具有强大的多媒体编辑功能，其简单的操作和超强的编辑功能受到了用户的一致好评。

1.1 Flash 简介

1.1.1 Flash 的发展简史

Flash 是 Macromedia 公司专门为网络而设计的一个交互性矢量动画设计软件，设计者不仅可以使用 Flash 随心所欲地设计各种动态 Logo 图片、导航条等，还可以设计带有动感音乐的动画。Flash 完全具备了多媒体的各项功能。

最初由于受网络技术的限制，发布的 Flash 1.0 和 Flash 2.0 版本并没有受到人们的重视，直到 Flash 3.0 发布才逐步地被计算机领域接受。2000 年 Macromedia 公司正式推出了 Flash 5.0 版本，在当时迅速地掀起了一场闪客风暴。Flash 把矢量图的精确性和灵活性与位图、声音、动画和高级交互性融合在一起，让设计者能够创作出极具吸引力的动感网页。它可以与 Macromedia 公司的图像处理软件 Freehand 和 Fireworks 无缝集成，直接导入这些软件制作的图像；它还提供了功能强大的 Action 脚本语言，无限地扩展了 Flash 的开发能力，使我们可以方便地创建高级网页动画。

如今 Flash 已经成为一个跨平台的多媒体标准。处于电脑图形图像领域领导地位的 Adobe 公司，正是看到了 Flash 无限广阔的发展前景，在 2005 年 4 月花费 34 亿美金收购了 Macromedia 公司，并对 Flash 进行了全面的改进和革新。时至今日，Flash 已经颠覆原有动画编辑方式，并进行了全新的升级，简化了动画创作的操作步骤；为用户提供可充分体现创意的绘图工具、骨骼工具和文字处理引擎；为程序设计人员量身打造了具有强大程序语言的 ActionScript 3.0 等。

2013 年 Adobe 公司发布了 Adobe Flash CC 中文正式版，其界面简洁友好，用户能在较短的时间内掌握软件的使用方法。Adobe Flash CC 可以实现多种动画特效，是由一帧帧的静态图片在短时间内连续播放而产生的视觉效果，表现为动态过程，满足用户的制作需要。

1.1.2 Flash 的应用领域

随着 Flash 软件功能的不断扩展，它的应用领域被不断拓宽，已经被广泛应用于互联网、多媒体出版、电视媒体、手机应用等多种平台，成为一种跨媒体的软件。它目前主要的应用领域有网页设计、网络动画、网页广告、多媒体演示、交互游戏、MTV 制作、产品展示以及电子贺卡等。

1. 网页设计

由于 Flash 动画相对于图片或 GIF 动画有更吸引人的效果，能传达更多动态信息，所以为了有一个好的视觉效果，目前很多网站在首页、Banner(指网站页面的横幅广告)等部分都会使用 Flash 制作。图 1-1 所示为一个纯 Flash 网站。

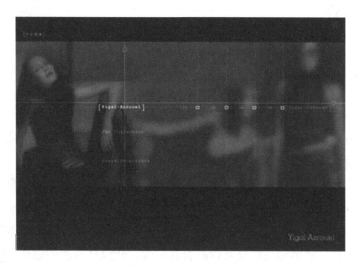

图 1-1　Flash 网站

2. 网络动画

制作网络动画是目前 Flash 最为广泛的应用。目前国内已经出现了许多专业的 Flash 动画工作室，开始制作 Flash 二维动画片，自己编写剧情，自己做动画，甚至自己来配音、配乐。图 1-2 所示为 Flash 动画《笑翱轩辕》画面。

图1-2　Flash 动画《笑翱轩辕》动画

3. 多媒体演示

由于 Flash 有生动的表现力和强大的互动功能，越来越多的用户开始使用 Flash 制作动态演示课件或者多媒体光盘。图1-3 所示为用 Flash 制作的 Photoshop 多媒体课件。

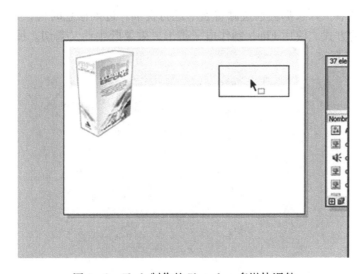

图1-3　Flash 制作的 Photoshop 多媒体课件

4. MTV 制作

Flash 的出现给人带来创作激情，尤其是用 Flash 对一些歌曲进行动画创作，让每个人都可以对自己喜欢的音乐给予诠释，抒发心情。在网上，几乎可以找到各种流行歌曲的 MTV 。图1-4 所示是网友制作的歌曲《太委屈》MTV。

图1-4 《太委屈》MTV

5. 电子贺卡

以往逢年过节，大家都会通过邮寄贺卡进行祝福。进入信息时代，网络电子贺卡成了许多人喜爱的方式。使用 Flash 制作电子贺卡，效果既生动又亲切。图1-5所示为用 Flash 制作的新年贺卡。

图1-5 用 Flash 制作的新年贺卡

1.2 Flash 的工作环境介绍

在安装好 Flash 后，可以通过 Windows 中的"开始→所有程序→Macromedia→Macromedia Flash CC"来启动 Flash，接着就进入 Flash 的启动画面，如图1-6所示。

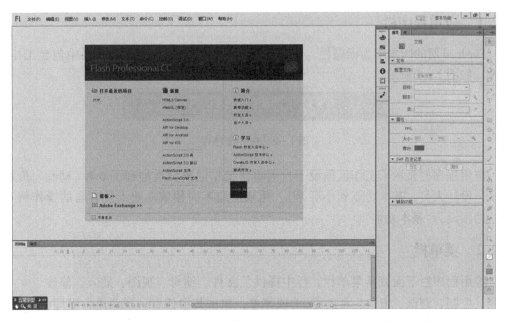

图 1-6 Flash CC 的启动画面

点击 Flash 按钮选择"文件→新建",进入"新建文档"界面,如图 1-7 所示。

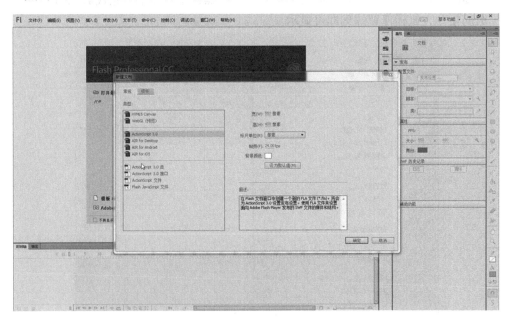

图 1-7 "新建文档"界面

为了让读者能够更清楚地认识 Flash 工作界面,本书将工作界面分成了应用程序栏、菜单栏、时间轴、舞台、工具面板和其他面板等 6 个部分来分别介绍。

1.2.1　应用程序栏

　　Flash 早期的版本中为标题栏，从 CS5 版本后改为应用程序栏。该栏中包含工作区预设。如图 1 - 8 所示。

图 1 - 8　应用程序栏

　　应用程序栏显示了工作区预设下拉菜单，工作区预设增加到了 6 种（动画、传统、调试、设计人员、基本功能和小屏幕），用来适应不同领域专业人员各自的操作特点，默认的预设为"基本功能"。

1.2.2　菜单栏

　　应用程序栏下面就是菜单栏，栏中提供了文件、编辑、视图、插入、修改、文本、命令、控制、调试、窗口、帮助等 11 项菜单，单击其中任意一项菜单，随即会出现一个下拉式指令菜单（图 1 - 9），若指令选项为浅灰色，则表示该指令在当前的状态下不能执行。有些指令的右边会有键盘的代码，这是该指令的快捷键，熟练使用快捷键将会有助于提高工作效率。有些指令的右边会有一个小黑三角的标记，它代表该指令还包含下一级的指令，鼠标停留片刻即可显示。

图 1 - 9　菜单栏

1.2.3　时间轴

时间轴是 Flash 软件中最重要的面板之一，用来组织和控制 Flash 动画影片在一定时间内播放的图层数和帧数。时间轴大体上由图层、帧和播放头 3 部分组成。如图 1 – 10 所示。

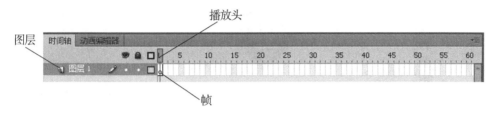

图 1 – 10　时间轴

1. 图层

图层就像重叠在一起的多张幻灯胶片一样，每个图层都包含一个显示在舞台中的不同图像。可以在当前图层中绘制和编辑对象，而不会影响其他图层上的对象。图层按照其在时间轴中出现的次序重叠，因此，时间轴底部图层的对象在舞台上也在底部。可以对图层进行隐藏、显示、锁定或解锁操作。

2. 帧

帧代表动画中的单位时间。没有内容的帧以空心圈显示，有内容的帧以实心圈显示。普通帧会延续前面关键帧的内容。帧频决定每个帧占用多长时间。关于帧的具体操作会在后面的章节中详细介绍。

3. 播放头

在时间轴面板里有比较细的一条红线，可以拖动该红线上的红方块来观看红线所停留帧的详细内容，这条红线就是播放头。播放头指示到某帧，该帧的内容就会展现到舞台上，这有助于我们编辑该帧的内容。

1.2.4　舞台

舞台就是软件界面中间的白色背景区域，是用来编辑和绘制对象的场所，Flash 设计和制作的所有动画对象都是通过舞台展示出来的。我们所制作的内容只有在该白色区域内才能够被展示出来，在灰色区域的内容编辑时是可见的，但是当导出为动画时将是不可见的。如图 1 – 11 所示。

图1-11 舞台

可以通过菜单栏选择"视图→标尺"，这时在舞台上显示出标尺；也可以在菜单栏单击"视图→网格→显示网格"，使舞台上展示出网格；或者在菜单栏单击"视图→辅助线→显示辅助线"，然后可以单击标尺的任意一处，在不松开鼠标的情况下将辅助线拖到舞台上相应的位置。标尺、网格和辅助线可以帮助我们对舞台上的内容进行精细的定位操作。如图1-12所示。

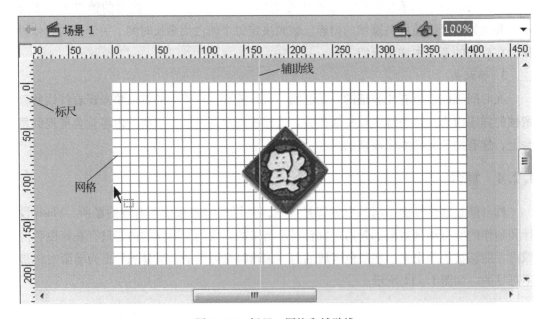

图1-12 标尺、网格和辅助线

1.2.5　工具面板

Flash 操作界面右侧是工具面板，该面板包括了 Flash 用来绘图、选择、填充、修改等常用工具图标，如图 1 – 13 所示。关于工具面板的具体操作会在后面的章节中详细介绍。

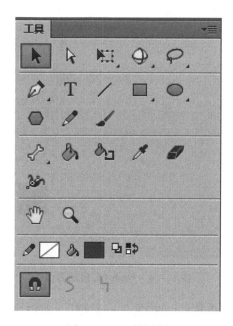

图 1 – 13　工具面板

1.2.6　Flash 的其他面板

在 Flash 动画的设计制作过程中，各种类型的功能面板起了很大的作用。其中一部分常用的面板被排列到工作界面的右侧，单击菜单栏中"窗口"菜单的相应面板命令可以将其展开或收缩。如果在此菜单栏命令前面有一个"√"，表示该面板处于展开状态，再次单击将"√"去掉，则面板被收缩。关于其他面板的操作会在后面的章节中详细介绍。

1.3　Flash 文件的操作

1.3.1　新建一个文件

在 Flash 中，制作动画之前必须创建 Flash 文件，然后在该文件的舞台进行动画操作。新建一个文件的方法有两种：

一种方法是当启动 Flash 时，在开始页面中选择"新建→ActionScript 3.0"创建一个新的 Flash 文件，如图 1 - 14 所示。

图 1 - 14　Flash CC 启动界面

另一种方法是通过"菜单栏"上的"文件→新建"，此时会出现"新建文件"对话框，选择该对话框中的"常规"选项卡中的相应文档就可以创建新的 Flash 文档了，如图 1 - 15 所示。

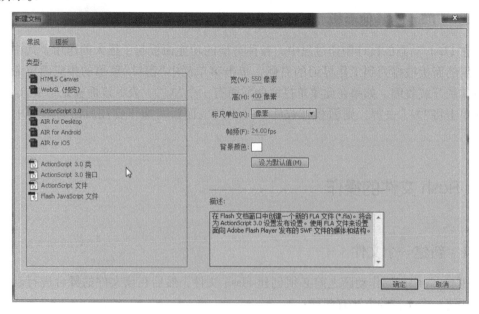

图 1 - 15　"新建文档"对话框

1.3.2 打开与保存文件

(1)打开文件：在 Flash 中如果要打开已经存在的文件，可以选择"文件→打开"（快捷键"Ctrl + O"）命令，此时会弹出一个"打开"对话框，如图 1 - 16 所示。

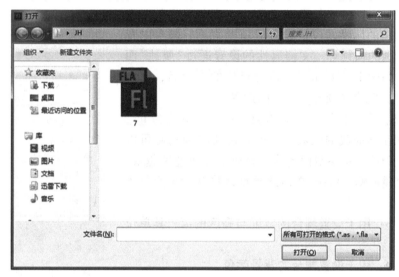

图 1 - 16 "打开"对话框

在该对话框中的查找范围栏中找到 Flash 文件存在的位置，然后在下方选择要打开的文件，此时被选择的文件名称将出现在"文件名"一栏，选择好相应的文件类型后点击"打开"按钮即可。

(2)保存文件：当我们制作完一个 Flash 动画后必须保存该文件，此时点击"文件→保存"（快捷键"Ctrl + S"）将打开一个对话框，如图 1 - 17 所示。

图 1 - 17 "另存为"对话框

在该对话框中选择文件保存的位置，然后在"文件名"一栏中输入 Flash 文件保存的名称，"保存类型"设为"Flash 文档(*. fla)"，设置完成后点击"保存"按钮。

1.3.3 修改文档属性

通常情况下，在制作 Flash 动画时，首先要做的工作就是设置文档的属性，包括舞台区域的大小、舞台的背景颜色、动画的帧频等。文档属性的设置通过"属性"面板来完成，如图 1 – 18 所示，设置相应的参数后，单击"确定"按钮，完成动画文档属性的设置。

（1）FPS：用于设置动画的播放速度，其单位为 fps，是指每秒钟动画播放的帧数，也就是说每秒钟动画可以播放多少个画面，其参数值越大，动画的播放速度越快，同时动画也越流畅。Flash 文档通常默认将其设置为每秒 24 帧。

（2）大小：用于设置舞台的宽度与高度的值，其单位为 px(像素)。

（3）舞台：用于设置舞台的背景颜色。

图 1 – 18　文档属性面板

1.3.4 导出动画影片

前面的操作是把 Flash 动画保存为"*. fla"格式，该格式为 Flash 动画的源文件格式，不可以直接播放，但可以再次被编辑；如果需要直接播放 Flash 动画而避免被修改，则需把文件导出为"影片格式(*. swf)"。

选择"文件→导出影片"(快捷键"Ctrl + Shift + Alt + S")命令，此时弹出一个对话框，如图 1 – 19 所示。

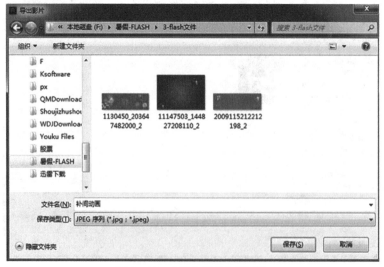

图 1 – 19　"导出影片"对话框

在此对话中先选择"影片"导出的位置、名称和类型(＊.swf)，然后点击"保存"按钮即可。

小结

本章主要是让大家对 Flash 有个初步认识，并了解 Flash 的整个工作环境和 Flash 文档的基本操作，这些都是 Flash 动画制作的基础。

练习

1. 启动 Flash CC，熟悉它的工作界面。

2. 新建一个 Flash 文档，并在舞台中创建辅助线与网格。

3. 新建一个 Flash 文档，将其宽和高修改为 500 像素 ×300 像素，背景颜色设置为蓝色。

2 Flash 工具的使用

【知识要点】
- 掌握 Flash 各种工具的使用方法；
- 熟悉 Flash 各种工作面板。

Flash 是基于矢量的动画制作软件，动画中的图形可以是外部导入的图像，也可以使用 Flash 提供的工具直接在 Flash 文档中进行简单的绘图，这也是 Flash 中最基础的操作。我们必须掌握如何借助这些工具来完成各种图形的绘制。Flash CC 工具面板如图 2－1 所示。

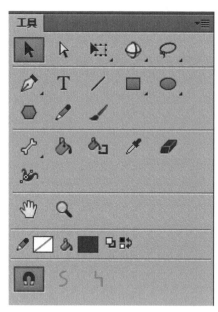

图 2－1　Flash CC 工具面板

2.1　工具面板介绍

如图 2－1 所示，工具面板一共由六部分组成：选择部分、绘图部分、填充部分、查看部分、颜色部分和选项部分。

1. 选择部分

选择工具：对舞台中的对象进行选取。

部分选取工具：用于选择对象的路径节点及改变对象的外形。

任意变形工具：用于对对象进行旋转、缩放和扭曲等变形操作。图标右下角的三角箭头可选择"渐变变形"工具，用于改变渐变填充的颜色。

3D 旋转工具：在全局 3D 空间中旋转影片剪辑对象。图标右下角的三角箭头可选择 3D 平移工具，用于在 3D 空间中通过 X、Y、Z 轴移动对象。

套索工具：用于选择不规则形状的图形区域。图标右下角的三角箭头可选择多边形工具和魔术棒工具。

2. 绘图部分

钢笔工具：用于绘制贝塞尔曲线。图标右下角的三角箭头可选择增加锚点工具、删除锚点工具和转换锚点工具，用于改变曲线。

文本工具：用于创建文本对象。

线条工具：用于绘制各种类型的矢量直线段。

矩形工具：用于绘制矩形图形。图标右下角的三角箭头可选择基本矩形工具。

椭圆形工具：用于绘制椭圆形图形。图标右下角的三角箭头可选择基本椭圆形工具。

多角星形工具：用于绘制多边形图形。

铅笔工具：能够更加自如、随意地绘制直线与曲线。

刷子工具：用于绘制毛笔绘图效果或内部填充。

3. 填充部分

颜料桶工具：用来填充对象内部颜色。

墨水瓶工具：用来给对象边缘填色。

滴管工具：用于从图形中提取内部填充色和外部轮廓线的颜色。

橡皮擦工具：用于擦除图像中多余的部分。

4. 查看部分

手形工具：通过平移舞台，在不改变舞台缩放比例的情况下，查看对象的不同部分。

缩放工具：用于缩小或放大视图，从而便于查看编辑操作。

5. 颜色部分

笔触颜色：对图形边缘部分设置笔触的颜色。

填充颜色：对图形内部部分设置填充的颜色。

6. 选项部分

选项部分在工具箱的最下方，根据用户选择的工具不同而出现不同的选项设置，将在后面的具体运用中一一讲解。

2.2 选取工具

工具面板上的选择工具、部分选取工具、套索工具、3D 旋转工具和 3D 平移工具都是用来选取舞台对象的工具，通过使用这些工具可以实现对象的选中、移动和变形等效果。

2.2.1 选择工具

(1)功能：使用选择工具可以对舞台对象进行选中、移动和变形等操作。

①按住鼠标左键在对象外围拖出一个虚框，将整个对象框选，如图 2 - 2 所示。

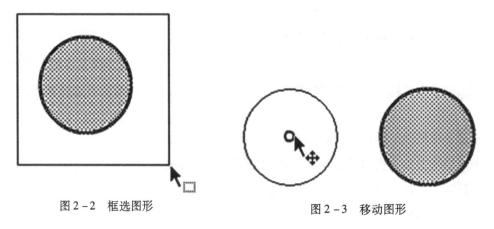

图 2 - 2　框选图形　　　　　　　　图 2 - 3　移动图形

②选中对象后，按住鼠标的左键可以把对象从一个位置移动到另一个位置，如图 2 - 3 所示。

③在移动对象的同时按住"Alt"键，即可复制对象，如图 2 - 4 所示。

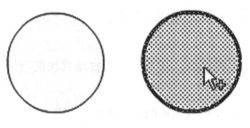

图 2 - 4　复制图形

④将鼠标指针放在对象轮廓线上，可以将线条扭曲，从而使对象变形，如图 2 - 5 所示。

图 2 – 5　改变图形轮廓

图 2 – 6　拖出尖角

⑤在改变对象轮廓线条的同时按住"Alt"键，可以拖出一个尖角，如图 2 – 6 所示。

（2）选项：在使用选择工具选取对象时，工具面板下方的"选项"区会出现相应的选项设置 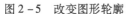 。

①如果"贴紧至对象"功能键是打开的，拖动元素时指针下面会出现一个黑色的小环。当对象处于另一个对象的对齐距离内时，两个对象就会自动对齐。

②"平滑"和"伸直"这两个选项，可对被选取的曲线进行"平滑"或者"伸直"的操作。

【实例操作】

利用选择工具将发型图形进行如下变化。

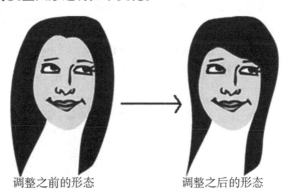

调整之前的形态　　　　　　　　调整之后的形态

2.2.2　部分选取工具

（1）功能：使用部分选取工具可以调整图形中的外围路径，从而改变物体的形状。

①在工具面板上选择部分选取工具，然后在对象轮廓线上单击鼠标左键，显示锚点，如图 2 – 7 所示。

②通过拖动对象轮廓线上的锚点可以改变对象形状，如图 2 – 8 所示。

图 2 – 7　单击左键，显示锚点

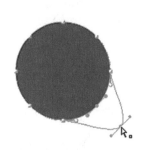

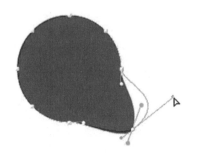

图2-8 拖动锚点改变形状　　　　图2-9 拖动锚点柄手改变形状范围

③通过拖动锚点两边的柄手可以改变形状的范围，如图2-9所示。

（2）选项：该工具无选项设置。

2.2.3　套索工具

（1）功能：主要用于选取不规则形状的图。

选择工具箱中的套索工具，在舞台上按下左键拖动鼠标，即可选择所需要的图形区域，如图2-10所示。

（2）扩展工具：点击套索工具右下方小三角，会弹出多边形工具和魔术棒。如图2-11所示。

①魔术棒主要用于选取位图中颜色相近的连续区域，在选择之前要打散位图。

魔术棒属性按钮可以打开一个对话框，通过该对话框可以对魔术棒的属性做精确调整，如图2-12所示。

图2-10 套索工具操作示例

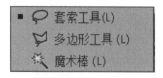

图2-11　扩展选项

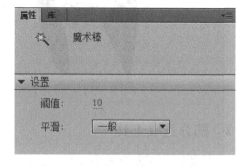

图2-12　魔术棒属性面板

阈值：用于设置选取区域内邻近颜色的相近程度，值越大选的颜色越多，值越小选择的颜色越少。

平滑：用于定义选取范围的平滑程度。

②多边形工具主要用于选择多边形图形区域。选择多边形工具后，通过不断地单击

鼠标，可以产生一个封闭的多边形选择区域。

2.2.4　3D 旋转工具

（1）功能：在 3D 空间中将选取的对象进行 X、Y、Z 轴的相应旋转。

①3D 旋转工具必须应用在影片剪辑对象上。

②应用在选定对象上时，对象上将会出现一个类似"靶"的图标，这时 X 轴为红色直线，Y 轴为绿色直线，Z 轴为蓝色小圆，如图 2 – 13 所示。

③拖动一个轴可以使该对象绕该轴旋转，拖动自由旋转柄（最外侧圆）可同时进行绕 X 和 Y 轴旋转。图 2 – 14 所示分别为旋转不同轴所产生的效果。

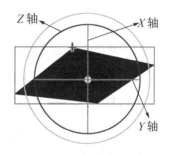

图 2 – 13　3D 旋转工具示例图

(a) 原图　　　(b) 拖动 X 轴　　　(c) 拖动 Y 轴　　　(d) 拖动 Z 轴　　(e) 拖动自由旋转柄

图 2 – 14　拖动不同轴效果

（2）选项：通过"全局"切换按钮 ⬚ 来切换全局或局部模式。

①在全局 3D 空间中旋转对象是以舞台为参考物进行旋转的，这时的 X、Y、Z 轴的方向是固定的。

②局部空间是指以对象为参考物进行旋转的，X、Y、Z 的方向是随对象调整而变化的。

2.2.5　3D 平移工具

（1）功能：在 3D 空间中移动影片剪辑对象。

①使用该工具选择影片剪辑对象后，X、Y 和 Z 三个轴将显示在对象上。X 轴为红色直线，Y 轴为绿色直线，而 Z 轴为选中黑色中心点后的蓝色线框。如图 2 – 15 所示。

②通过选中 X、Y 或 Z 轴可对该对象进行 X、Y、Z 轴方向的平移，X、Y 轴上的箭头分别表示相对应轴的方向，Z 轴主要是设置视线的远近距离。在 Z 轴上移动对象时，对象的外观尺寸将会发生视觉上的变化。

（2）选项：与 3D 旋转工具一样。

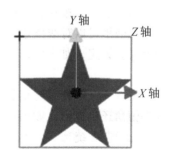

图 2 – 15　3D 平移工具示例图

2.3 绘图工具

绘图工具是用来创建动画对象的主要工具，使用它们可以绘制出各种各样的图形对象。绘图工具主要包括直线工具、椭圆工具、矩形工具、铅笔工具、画笔工具和钢笔工具。

2.3.1 直线工具

（1）功能：直线工具主要用于绘制各种类型的线条。

①按住"Shift"键绘制的线条是水平线条、垂直线条或45°的线条。

②配合"属性"面板的参数可以设置各种类型的线条，如图2-16所示。

线条颜色：单击颜色框，可打开颜色面板选取绘制线条的颜色。

线条粗细：通过设置笔触大小可设定线条的粗细，范围在0.1～200像素之间。可以在输入框内直接输入数值，也可以拖动滑块来选择数值。

线条样式：Flash有多种线条样式可供选择。

笔触样式：在选定线条样式之后，点击该按钮，在弹出的对话框里可以对线条进行更细致的设定，如图2-17所示。

端点：设定直线终点的样式是圆角还是方形，如果选择"无"，则系统默认为方形端点。

提示：勾选笔触提示，则绘制时可防止出现模糊线。

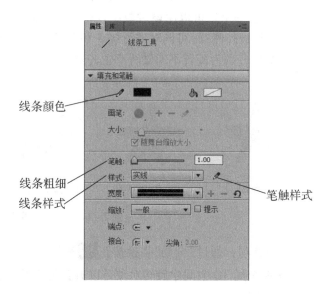

图2-16 直线工具属性面板

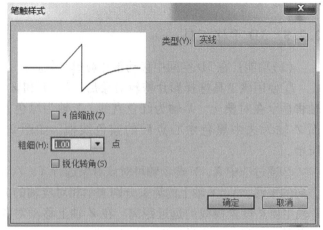

图2-17 "笔触样式"设置框

缩放：限制笔触在 Flash 播放器中的缩放。

接合：定义两个直线路径连接方式是尖角、圆角还是斜角。

（2）选项：在工具面板上选择了直线工具之后，在工具面板上的"选项"区域出现相应的选项 ⬚ ⬚ 。

①不选择"对象绘制"选项（⬚）时，绘制的直线会受其他与它重叠的直线或者图形的影响；选择"对象绘制"选项时，所绘制的直线是完全独立完整的，不受其他直线或者图形的影响。

②如果"贴紧至对象"功能键（ ⬚ ）是打开的，拖动元素时指针下面会出现一个黑色的小环。当对象处于另一个对象的对齐距离内时，两个对象就会自动对齐。

2.3.2 钢笔工具

（1）功能：主要功能为绘制更加复杂、精确的线条，如平滑、流动的曲线等。

①选择工具面板中的"钢笔工具"，在舞台上单击鼠标，确定第一个锚点。

②移动鼠标至另外的位置上，单击鼠标，就可以画出一条直线。

③如果按下鼠标左键拖动鼠标，则可以出现一对控制棒，这时再移动鼠标到另外的位置上，做同样的操作，就可以画出一条曲线，如图 2 – 18 所示。

④如果要绘制一个封闭的图形，则将光标指向第一个锚点，单击鼠标即可。

图 2 – 18 钢笔工具绘制曲线

图 2 – 19 钢笔扩展工具

⑤选中钢笔工具下方小三角，此时会弹出钢笔工具的各个选项，如图 2 – 19 所示。

添加锚点工具：表示下一次单击时将会在现有的路径上添加一个锚点。

删除锚点指针：表示下一次单击时该路径上一个锚点被删除。

转换锚点工具：将不带方向线的转角点转换为独立方向线的转角点。

（2）选项：与直线工具一样。

2.3.3 椭圆工具

（1）功能：使用椭圆工具可以绘制椭圆或圆。

①按住"Shift"键的同时绘制椭圆，可以绘制一个正圆。

②按住"Alt"键并在舞台上需要绘制椭圆的地方单击鼠标左键，将会弹出一个对话框，如图 2 – 20 所示，通过该对话框可以设置椭圆的高度、宽度和是否从中心开始绘制椭圆。

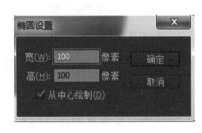

图2-20　"椭圆设置"对话框

图2-21　配合颜色选区的选项绘制椭圆

③配合工具面板上颜色选区的笔触颜色或者填充色 ![icons]，来绘制带有轮廓和填充的椭圆、只有轮廓的椭圆或者只有填充的椭圆，如图2-21所示。

（2）选项：该工具的"选项"设置与直线工具类似。

2.3.4　矩形工具

（1）功能：主要功能为绘制正方形、矩形。

①按住"Shift"键的同时绘制矩形，可以绘制一个正方形。

②按住"Alt"键并在舞台上需要绘制矩形的地方单击鼠标左键，将会弹出一个对话框，如图2-22所示，通过该对话框可以设置矩形的高度、宽度、是否从中心开始绘制矩形和绘制圆角矩形。

（2）选项：该工具的"选项"设置与"直线工具"类似。

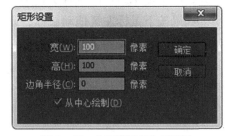

图2-22　"矩形设置"对话框

2.3.5　多角星形工具

（1）功能：该工具可用来绘制多边形和星形。

该工具必须配合属性面板一起使用。选择该工具，在属性面板中选择"选项"按钮，将弹出一个对话框，如图2-23所示。通过"样式"设置多边形或星形；通过"边数"设置多边形的边数或星形的角数；通过"星形顶点大小"设置多边形或星形的角度。

（2）选项：该工具的"选项"设置与直线工具类似。

图2-23　多角星形设置对话框

2.3.6　铅笔工具

（1）功能：主要是用来画一些简单的线条和图形。

按住"Shift键"可以绘制水平或者垂直的线条，但不能绘制45°角或者其倍数的线条。

（2）选项：在工具面板上选择了铅笔工具之后，工具面板上的"选项"区域出现相应的选项🔲🔩。

第二个按钮有三个选项：伸直、平滑和墨水。如果选择"伸直"，绘制出来的线条将会被自动拉直。如果选择"平滑"，绘制出来的线条会被进行平滑处理。如果选择"墨水"，所绘制的线条保持原样，不会被加工处理。

2.3.7　刷子工具

（1）功能：主要绘制如油画笔触、书法毛笔笔触等随意性更强的线条，或者用于涂色。

（2）选项：在工具面板上选择了刷子工具之后，工具面板上的"选项"区域出现相应的选项🔲🔳🔵·🔴。

图2-24　刷子模式

🔳锁定填充：此按钮可以锁定渐变填充色、图案填充色。

🔵刷子模式：点击右下方的倒三角将弹出下拉菜单，如图2-24所示，依次为标准绘画、颜料填充、后面绘画、颜料选择、内部绘画。

·刷子大小：通过此选项可以对刷子笔头的大小进行控制。

🔴刷子形状：通过此选项可选择刷子笔头的形状，如圆形、椭圆形、线形及斜线形等。

实例操作

用绘图工具完成以下图形的绘制。

2.4　颜色填充工具

颜色填充工具可以完成对图形轮廓及填充色区域的涂色工作，包括墨水瓶工具和颜料桶工具。

2.4.1　墨水瓶工具

(1)功能：主要用来填充线条的颜色，给对象添加轮廓或改变对象轮廓的颜色、笔触等属性，一般要配合属性检查器中的相应设置，如图2－25所示。该工具与颜色设置工具中的相对应，用来填充线条的颜色。

图2－25　改变对象轮廓

(2)选项：该工具无选项设置。

2.4.2　颜料桶工具

(1)功能：主要用于填充、改变所画对象中除轮廓以外的其他部分，颜料桶的"颜料"由颜色设置工具中的来设定，填充色可为固定色、渐变色或图案。改变对象填充色如图2－26所示。

图2－26　改变对象填充色

(2)选项：在工具面板上选择了颜料桶工具之后，工具面板上的"选项"区域出现相应的选项。

空隙大小：包括4个选项，分别为不封闭空隙、封闭小空隙、封闭中等空隙、封闭大空隙，如图2－27所示。

图2－27　空隙大小选项

不封闭空隙：选用此项进行填充时，填充区域的轮廓线必须为全封闭，否则填充将不能成功。

封闭小空隙：选用此项，可以填充有微小空隙的线形外框。

封闭中等空隙：选用此项，可以填充有小空隙的线形外框。

封闭大空隙：选用此项，可以填充有较大空隙的线形外框。

2.5　修改工具

修改工具主要是用于改变对象形状、颜色等属性，包括任意变形工具、填充变形工具、滴管工具和橡皮擦工具。

2.5.1　任意变形工具

(1)功能：主要用于对象的缩放、倾斜、扭曲和旋转等操作。

①选中任意变形工具后，点击对象，对象周边即出现控制点。将鼠标指针放在四个顶角控制点旁边，指针变为旋转符号时，就可以进行对象的旋转操作，如图 2 – 28 所示。

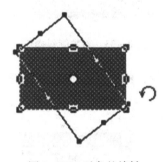

图 2 – 28　对象的旋转

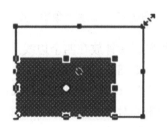

图 2 – 29　对象的等比例缩放

②将鼠标指针放在四个顶角控制点上，指针变为等比例缩放符号时，就可以进行对象的缩放操作，如图 2 – 29 所示。

③将鼠标指针放在四个边的中心点上，指针变为缩放符号时，就可以进行对象的水平和垂直的缩放操作，如图 2 – 30 所示。

④对象的中心有一个白色圆点，是对象变化的中心点，中心点不同所产生的旋转效果也是不同的，如图 2 – 31 所示。

图 2 – 30　对象的垂直缩放

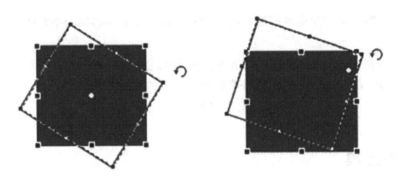

图2-31　对象中心点不同所产生的旋转效果

⑤将鼠标放在对象内部白色圆点上进行移动，即可改变对象中心点，如图2-32所示。

图2-32　改变对象中心点

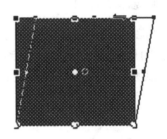

图2-33　对象倾斜操作

⑥将鼠标指针放在四个边线上，指针变为倾斜符号，就可以进行对象的水平、垂直倾斜操作。如图2-33所示。

⑦按住"Alt"键，同时使用缩放功能，则以对象的中心点为中心对称缩放对象。按住"Shift"键可以对象进行等比例缩放。

（2）选项：在工具面板上选择了任意变形工具之后，工具面板上的"选项"区域出现相应的选项 。

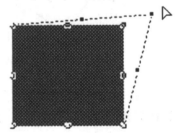

图2-34　对象的扭曲操作

：选中此选项，可以将对象旋转。

：选中此选项，可以将对象缩放。

：选中此选项，将鼠标指针放在对象的控制点上，当鼠标变为扭曲符号时，可进行对象的扭曲操作，如图2-34所示。

：选中此选项，舞台上的对象便被一个包含控制点与切线手柄的边框"封套"，如图2-35所示。

图2-35　对象的封套

2.5.2　填充变形工具

（1）功能：主要用于设置图形渐变色，通过此工具可以设置图形的渐变色方向、位置、填充范围大小等。

①该工具只能对填充了渐变色的对象起作用。

②选中填充变形工具后，点击对象，对象周边即出现三个控制点，如图2-36所示。

将鼠标指针放在右上角，指针变为旋转符号，就可以改变渐变色的方向，如图2-37所示。

图2-36　填充变形

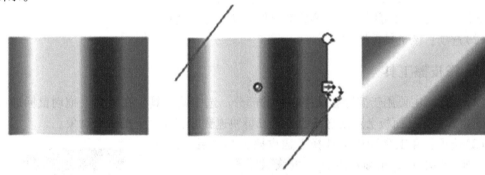

图2-37　改变渐变色的方向

将鼠标指针放在右边线，指针变为缩放符号，就可以改变渐变色之间的距离，如图2-38所示。

图2-38　改变渐变色之间的距离

将鼠标指针放在中心圆点，指针变为移动符号，就可以改变渐变色的中心点，如图2-39所示。

图2-39　改变渐变色的中心点

（2）选项：该工具无选项。

2.5.3　滴管工具

（1）功能：主要用于从图像中吸取颜色。

①使用时，只要在所需的颜色上单击鼠标即可。

②使用滴管工具可以吸取图像的颜色作为填充色来使用。

（2）选项：该工具无选项。

2.5.4　橡皮擦工具

（1）功能：主要用于擦除图像中多余的部分。选中此工具，在舞台上拖动鼠标即可擦除图像。在工具面板上双击橡皮擦工具，可快速删除工作区上的所有对象。

（2）选项：在工具面板上选择了橡皮擦工具之后，工具面板上的"选项"区域出现相应的选项。

① 橡皮擦模式：用来指定橡皮擦工具的擦除模式。包括五种模式：标准擦除、擦除填色、擦除线条、擦除所选填充、内部擦除，如图2-40所示。

图2-40　橡皮擦模式

标准擦除：可以把鼠标经过的图像全部擦除。

擦除填色：只擦除图像的填充色。

擦除线条：只擦除图像轮廓线，不影响图像的填充色。

擦除所选填充：只擦除选择范围内的图像填充色。

内部擦除：只擦除图形轮廓线以内的填充色，而不影响轮廓线。

② 水龙头：是用来快速擦除所选笔触或者填充的，单击所要擦除的笔触或者填充即可擦除，如图2-41所示。

③ 橡皮擦形状：可以选取合适的橡皮擦形状。

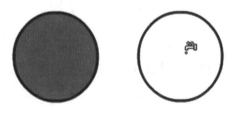

图2-41　水龙头工具擦除填充色

2.6 常用面板

在第一章的内容中我们已经简单地介绍了一下面板，本章前面部分详细介绍了工具面板的使用。本节将详细介绍几个常用面板的使用，让读者熟悉面板的特性和组成。

通过"窗口"菜单可以打开"对齐""颜色""变形"等常用面板。

通过"窗口→其他面板→场景"菜单可以打开"场景"面板。

2.6.1 对齐面板

在 Flash 的创作中，总是需要使用多个对象，并且要把多个对象进行合理的排列对齐，如果靠手工调整，效率是很低的，而且浪费精力。Flash 提供了专门用于对齐的面板，如图 2－42 所示。

通过"窗口→对齐"（快捷键"Ctrl＋K"）菜单即可调出对齐面板。通过运用"对齐"面板，不仅能完成对象的对齐，还可以将对象的间隔进行平均分布和改变对象等高等宽。

图 2－42 "对齐"面板

左对齐：在所有选中的对象中以最靠左的对象为基准进行左对齐。

水平中齐：以选中的对象的中心为基准进行水平方向的对齐。

右对齐：在所有选中的对象中以最靠右的对象为基准进行右对齐。

上对齐：在所有选中的对象中以最靠上的对象为基准进行上对齐。

垂直中齐：以选中的对象的中心为基准进行垂直方向的对齐。

底对齐：在所有选中的对象中以最靠下的对象为基准进行底对齐。

顶部分布：上下相邻的两对象，其上边沿等间距。

垂直居中分布：上下相邻的两个对象，其垂直中心等间距。

底部分布：上下相邻的两个对象，其下边沿等间距。

左侧分布：左右相邻的两个对象，其左边沿等间距。

水平居中分布：左右相邻的两个对象，其水平中心等间距。

右侧分布：左右相邻的两个对象，其右边沿等间距。

匹配宽度：把所有的选中对象调整为相等的宽度。

匹配高度：把所有的选中对象调整为相等的高度。

匹配宽和高：把所有的选中对象调整为相等的宽度和高度。

垂直平均间隔：上下相邻的两个对象，其间距相等。

水平平均间隔：左右相邻的两个对象，其间距相等。

2.6.2 颜色面板

"颜色"面板允许修改 Flash 的调色板并更改笔触和填充的颜色，如图 2-43 所示。

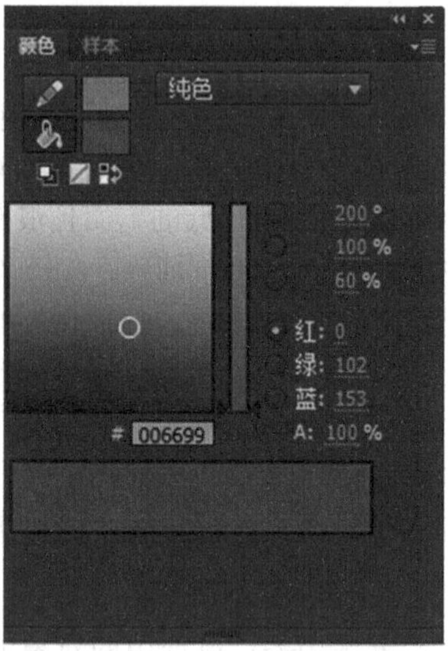

①  笔触颜色：更改图形对象的笔触或边框的颜色。

②  填充颜色：更改填充颜色。

③ 纯色 颜色类型：更改填充样式。有下面几种选项可供选择。

无：删除填充。

纯色：提供一种单一的填充颜色。

线性渐变：产生一种沿线性轨道混合的渐变。

径向渐变：产生从一个中心焦点出发沿环形轨道向外混合的渐变。

位图填充：用可选的位图图像平铺所选的

图 2-43 "颜色"面板

填充区域。选择"位图"时，系统会显示一个对话框，可以通过该对话框选择本地计算机上的位图图像，并将其添加到库中。用户可以将此位图用作填充；其外观类似于形状内填充了重复图像的马赛克图案。

④ 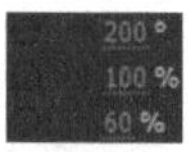 ：可以更改填充颜色的色相、饱和度和亮度。

⑤  ：可以更改填充的红、绿、蓝（RGB）三色的色密度，设置实心填充的不透明度，或者设置渐变填充的当前所选滑块的不透明度。如果 A 值为 0%，则创建的填充不可见（即透明）；如果 A 值为 100%，则创建的填充不透明。

小结

　　本章介绍了工具面板中各种工具的功能及其使用方法，包括绘图工具组、填色工具组和修改工具组。利用这些工具可以制作各种各样的动画画面。学会这些工具的使用方法，制作一个简单的动画画面就不困难了，读者可以根据自己的兴趣和爱好，充分发挥想象力描绘精彩的画面。

练习

　　1. 利用 Flash CC 工具面板绘制以下简单的图形。

　　2. 利用 Flash CC 的绘图工具和填充工具完成右边图形的制作。

　　3. 充分发挥自己的想象力，综合运用 Flash 工具绘制一幅简单的卡通画面。

3 文本工具介绍

【知识要点】

- 认识不同类型的文本字段，掌握创建文本的方法；
- 学会如何设置文本属性；
- 掌握编辑文本的基本方法；
- 掌握制作特效文本的方法和技巧。

在动画中，图形与文字是不可缺少的两大元素，只有将两者有效地结合起来才能制作出生动而富有表现力的动画。Flash CC 不仅在图形编辑方面拥有强大的功能，在文字创作方面也毫不逊色，运用它不仅可以输入静止文字，而且可以制作各种特效的文字。

3.1 创建文本

在 Flash 中有 3 种不同类型的文本字段，即静态文本字段、动态文本字段和输入文本字段。选择的文本类型不同，属性面板的参数设置也不同。

3.1.1 静态文本字段

"静态文本"是系统默认下输入的文本类型，一般用于书写普通文本。使用静态文本字段可以对文字进行各种文本格式的操作，其属性面板如图 3－1 所示。

(1) ：单击该按钮可以调整静态文本的方向，分别是水平、垂直、垂直(从左向右)。

(2)位置和大小：设置静态文本在舞台的 X 轴和 Y 轴的位置，以及文本所占位置的宽度和高度。

(3)字符：设置静态文本的字体、样式、字号、字间距、颜色及消除文字的锯齿。

(4) ：用于激活上标和下标按钮。单击 这两个按钮可以使静态文本的位置分别设置为上标和下标。

(5)段落：设置静态文本的对齐方式、间距、边距和行数。

(6)选项：用户可以直接在该文本框中输入网址，使当前的文字成为超链接文字，该选项仅对水平方向的文字有效，并可通过"目标"选择超链接的打开方式。

图 3-1 静态文本属性面板

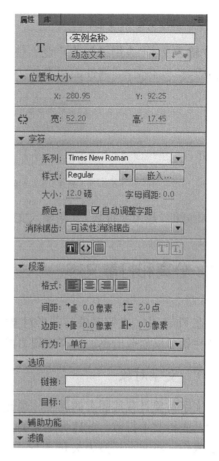

图 3-2 动态文本属性面板

3.1.2 动态文本字段

"动态文本"输入的文字相当于变量，可以随时在动画制作的过程中或者在动画播放过程中变化。通过与 ActionScript 配合进行设置，可以增加动画的灵活性。其属性面板如图 3-2 所示。

动态文本属性与静态文本属性在设置上几乎相同，只是 按钮在动态文本中无效。

(1) ：单击该按钮，在导出 SWF 格式文件时，Flash 就会识别应用于此文本框中的 HTML 标签，如字体、样式等。

(2) ：单击该按钮，文本将显示黑色边框和白色背景，仅对"动态文本"和"输入文本"两种类型有效。

(3)行为：用于设置文本框中文字的显示行数及类型，仅对"动态文本"和"输入文本"两种类型有效，包括单行、多行、多行不换行几种方式。

3.1.3　输入文本字段

"输入文本"应用得较为广泛，使用该文本可以在动画播放时随时输入文字。其属性面板与"动态文本"属性面板类似，只是"选项"栏发生变化，如图3-3所示。

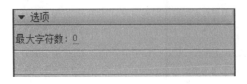

图3-3　"输入文本"属性面板"选项"栏

此处的"最大字符数"是指输入文字的最大数目。

3.2　分离和打散文本

在 Flash 中，文字对象与图形对象相同，可以对其进行分解与组合的操作，根据这种特性就可以创造出更加富有表现力的文字，使动画更加生动。

3.2.1　文字对象

文字对象具有其固有的属性，也允许分离和组合。将文字图形化的操作要经过两个阶段：先将文本打散，分离为独立的文本块，每个文本块中包含一个文字；然后进行打散的操作，将文本转换为矢量图形，如图3-4所示。不过文字一旦转换为矢量图形，就无法像对文字一样对它们进行编辑了。

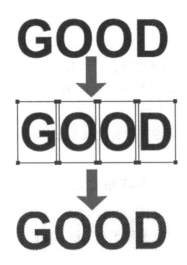

图3-4　文字打散效果

3.2.2　文本的分离

在舞台上对一个静态文本一次打散操作即可将其分离，分离的组合键是"Ctr + B"。下面介绍利用分离功能来制作一个如图 3 – 5 所示的简单的文字效果。

图 3 – 5　文字效果

（1）新建一个 550 像素 × 400 像素的 Flash 文档，并设置背景为白色。

（2）选择文本工具，属性面板中设置为"静态文本"，字号大小为 66 号，系列字体、颜色默认。

（3）点击舞台并输入"蝴蝶飞飞"四个文字，如图 3 – 6 所示。

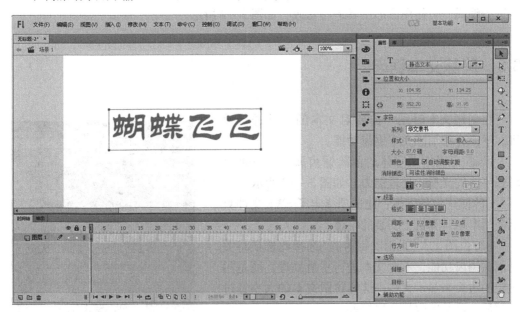

图 3 – 6　输入文字

（4）选中文字，按"Ctrl + B"键，将四个文字分离，如图 3 – 7 所示。

图 3 – 7　文字分离的效果

（5）此时四个文字可以独立进行操作，按图3-5所示效果对四个文字进行位置、字体、大小、颜色的分别设置即可。

3.2.3　文本的打散

文本的打散指的是在文本分离的基础上再次应用组合键"Ctrl + B"将其完全打散。在上例的基础上再次应用"Ctrl + B"键，"蝴蝶飞飞"四个字将完全打散，效果如图3-8所示。

图3-8　文字打散效果　　　　　　　　　图3-9　图形化后的文字效果

打散后的文字将不能作为文字元素进行字体、字号等属性的编辑，而是作为图形元素进行编辑，可使用图形工具进行修改，如图3-9所示。

3.3　消除文本锯齿

在创建文本时用户需要对文本的属性进行设置。下面介绍消除文本锯齿功能。

Flash可以指定字体的消除锯齿属性，也可以增强字体的光栅化处理能力。如图3-10所示。

（1）使用设备字体：此选项指定了SWF文件只能使用本地计算机上安装的字体。

（2）位图文本（无消除锯齿）：选择此选项将关闭消除锯齿功能，不对文本进行平滑处理，而是用尖锐的边缘来显示文本。这样位图文本的大小经过缩放后，显示的效果会比较差。

（3）动画消除锯齿：此选项用于创建较平滑的动画。由于使用该选项呈现的字体在字符很小时显示会模糊，因此在指定使用该选项时应使用10磅以上的字体。由于Flash忽略对齐方式和字距微调信息，因此只适用于部分情况，并且使用该选项生成的SWF文件较大。

（4）可读性消除锯齿：此选项改进了字体的可

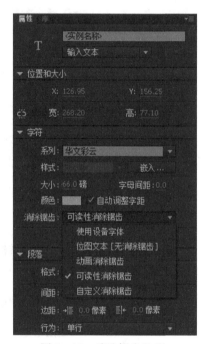

图3-10　消除锯齿选项

读性，尤其是较小的字体。使用此选项可以创建高清晰度的字体，但是动画的效果较差。在 Flash 中打开文件时，文本不会自动地更新为使用"高级消除锯齿"选项，要使用此选项就必须选择各个文本字段，然后手动更改消除锯齿设置。

（5）自定义消除锯齿：选择此选项将弹出"自定义消除锯齿"对话框，其中的"粗细"下拉列表用于确定字体消除锯齿转变显示的粗细程度，"清晰度"下拉列表用于确定文本边缘与背景过渡的平滑度，如图 3 – 11 所示。

图 3 – 11　"自定义消除锯齿"对话框

3.4　制作特效文本

Flash 制作一些动画、网页时，经常会用到一些文字特效，合理地使用文字特效可以使动画或者网页更加丰富多彩。本节将通过实例介绍特效文字的制作方法。

3.4.1　制作图案效果的文字

制作图案效果的文字，使用的工具和功能主要有文本工具、"颜色"面板中的位图颜色和分离对象功能等。位图颜色是 Flash 中的一种颜色类型，可以使用某个位图图片的颜色对某些对象进行颜色填充，效果如图 3 – 12 所示。

图 3 – 12　图案效果文字

（1）新建 Flash 文档并将其命名为"图案文字"。单击"属性"面板按图 3 – 13 设置文档参数。

图 3 – 13　文档属性设置

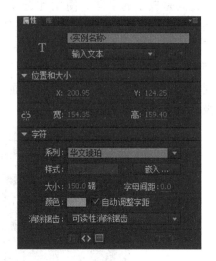

图 3 – 14　文本属性设置

（2）使用工具面板中的文本工具，打开"属性"面板，将字体按图 3 – 14 的参数进行设置。

（3）在舞台中输入文字"花"，然后使用选择工具适当地调整文字在舞台中的位置。

（4）选择"修改→分离"菜单项或者按"Ctrl + B"组合键将文字打散，然后打开"颜色"面板将类型设置为"位图填充"，如图 3 – 15 所示。

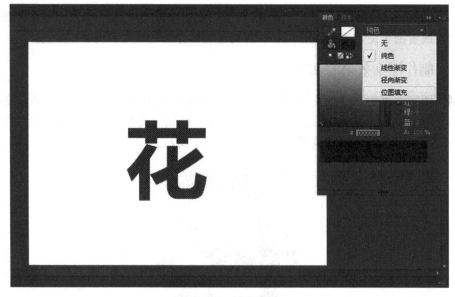

图 3 – 15　颜色面板

（5）选择"位图填充"后将弹出"导入到库"对话框，在该对话框中将图片素材选中导入。此时舞台中的文本就被加上了图案效果。

3.4.2　制作描边效果的文字

本小节介绍如何制作有描边效果的文字，使用的工具和功能主要有文本工具、墨水瓶工具、渐变变形工具和分离对象功能，效果如图 3 – 16 所示。

图 3 – 16　文字描边效果

（1）新建 Flash 文档并将其命名为"描边效果文字"。单击"属性"面板按图 3 – 17 对文档参数进行设置。

图 3 – 17　文档属性设置

（2）使用工具面板中的文本工具，打开其"属性"面板，进行如图 3 – 18 所示的参数设置。

（3）在舞台中输入文字"新年快乐"，再使用选择工具适当地调整文字在舞台上的位置，然后连续两次按下"Ctrl + B"组合键将文字打散。

（4）使用工具面板中的墨水瓶工具对其属性进行如图 3 – 19 所示的设置。

（5）用墨水瓶工具依次单击舞台上被打散的文字，对其进行描边操作。

（6）选择填充工具，在"颜色"面板中设置

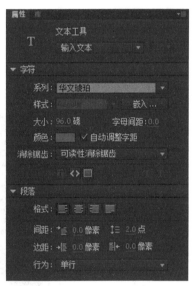

图 3 – 18　文字属性设置

图 3 – 19　墨水瓶工具属性设置

"径向渐变"填充，填充颜色#CCFF33 到#FF0000。

（7）保存文档，按下"Ctrl + Enter"组合键预览效果。

3.4.3　制作立体效果的文字

本小节介绍如何制作具有立体效果的文字，使用的工具和功能有文本工具、颜料桶工具、"颜色"面板以及文字打散功能等，效果如图 3 – 20 所示。

图 3 – 20　具有立体效果的文字

（1）新建 Flash 文档并将其命名为"立体效果文字"。单击"属性"面板按图 3 – 17 对文档参数进行设置。

（2）使用工具面板中的文本工具，打开其"属性"面板，进行如图 3 – 21 所示的参数设置。

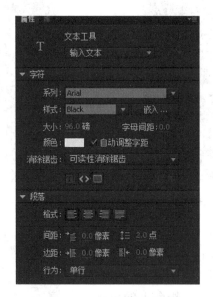

图 3 – 21　文本属性设置

（3）在舞台中输入文字"FLASH"，再使用选择工具适当地调整文字在舞台上的位置，然后连续两次按下"Ctrl + B"组合键将文字打散。

（4）新建一个图层 2，将图层 1 的文本复制到图层 2，并适当调整两个图层文本的位置，效果如图 3 – 22 所示。

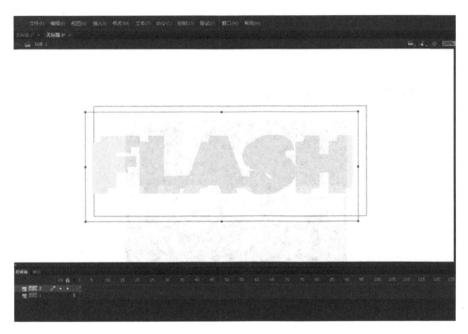

图 3 - 22　调整两图层的位置

（5）分别将两个图层的文字进行打散操作。隐藏图层 2，用墨水瓶工具对图层 1 的文本进行描边，颜色设为#FF9900，笔触设置为 1.0，样式选择实线；描边后删除内部填充色，效果如图 3 - 23 所示。

图 3 - 23　图层 1 的效果

（6）显示图层 2，并进行同样效果的描边，但不用删除内部填充色。

（7）将图层 1 和图层 2 的位置进行适当调整，利用直线工具分别对两个图层中各字母进行连接，颜色设为#FF9900，笔触设置为 1.0，样式选择实线；并选择"视图→贴紧→贴紧至对象"。最后保存，预览。

小结

本章介绍了文本工具的使用及其属性设置，编辑文本、特效文本的制作等内容。通过对文本工具基本使用方法的学习，读者应该基本掌握使用文本工具在工作区创建文字并设置文字的属性，以及分离文本和文本描边等操作。

练习

1. 完成下图所示具有描边效果的文字。

2. 完成下图具有三维立体效果的文字。

4 Flash 的基本概念

【知识要点】

- 掌握帧、关键帧、空白帧的概念及运用；
- 熟悉元件的概念以及元件在动画中的使用；
- 熟悉场景的概念。

Flash 完美动画的制作，是由每个关键帧上的不同画面在时间轴上链接而成的。通过对不同场景的转换，可以让动画画面整体效果变得丰富。本章主要介绍帧、关键帧、元件、时间轴、场景的应用。

4.1 帧的概念

帧是创建动画的基础，也是制作动画最基本的元素之一。掌握关键帧、空白关键帧、过渡帧的概念及其运用，是制作好动画的关键。

4.1.1 普通帧

普通帧在"时间轴"面板上以一个长方形"▢"表示，它在动画制作中可以延长动画的播放时间。在需要延长动画的位置，点击鼠标，并按"F5"键，创建普通帧。也可以在时间轴需要延长时间的位置，点击鼠标右键，选择"插入帧"，如图 4－1 所示。

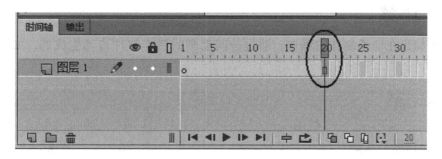

图 4－1　普通帧

4.1.2 关键帧

关键帧在"时间轴"面板上以一个黑色实心圆点"·"表示，如图4-2所示。动画中变化的画面，都放在不同的关键帧上。它是表现动画关键性动作或关键性内容变化的帧。

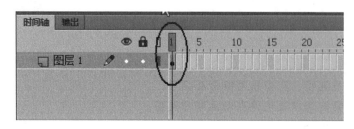

图4-2 关键帧

4.1.3 空白关键帧

空白关键帧在"时间轴"面板上以一个空心圆点"○"表示，如图4-3所示。空白关键帧里没有任何内容，这种帧主要用于结束前一个关键帧的内容或用于分隔两个相连的补间动画。

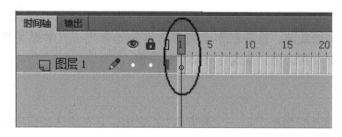

图4-3 空白关键帧

4.1.4 过渡帧

过渡帧是在动画制作过程中，通过补间动画的制作软件自动生成的，如图4-4所示。

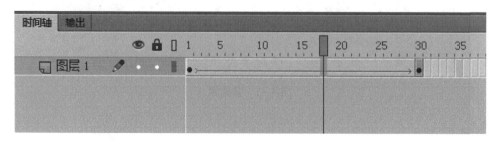

图4-4 过渡帧

4.2 元件的操作

4.2.1 元件的概念

元件是构成动画的基础，是可以重复使用的小部件，可以独立于主动画进行播放。创建的元件都会存储在"库"面板中。

根据功能和使用环境的不同，元件一共有三种形式：影片剪辑、按钮和图形。

影片剪辑元件表示的是影片中的小片断，它可以是静态的图形，也可以是一段动画。可以在影片剪辑元件中增加 ActionScript、动画、声音和其他影片剪辑元件。每个影片剪辑元件都有自己的时间轴，并且独立于主影片的时间轴。

按钮元件用于创建交互式按钮，它将会对鼠标的按下、拖动等操作产生互动。按钮元件有 4 种不同的状态，即弹起、指针经过、按下和点击，每种状态都可以通过图形、声音来定义。创建按钮元件时，还可以设计出各种互动效果。

图形元件表示的是一种最简单的元件，它主要用于表现静态的图形以及通过时间轴控制的简单动画，有利于重复使用。但图形元件中的声音和 ActionScript 将会被忽略。

4.2.2 创建元件

(1)新建一个文档，在舞台上绘制元件图形。完成绘制后，选择需要转化为元件的对象，单击鼠标右键，选择"转换为元件"，选择元件类型并为元件命名，如图 4 - 5 所示。

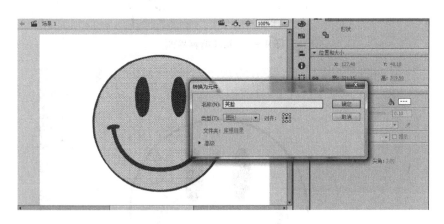

图 4 - 5　创建元件

(2)创建好的元件，将会被保存在"库"中，如图 4 - 6 所示。保存在"库"中的元件，可以反复使用。

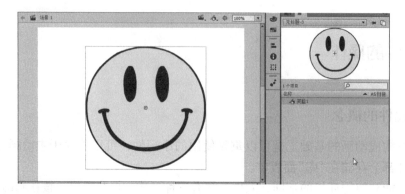

图4-6 元件被保存在"库"中

4.2.3 编辑元件

当需要对元件进行修改时，双击鼠标选择元件，进入元件的编辑界面对元件进行修改，修改完后，点击"场景1"回到舞台，如图4-7、图4-8所示。

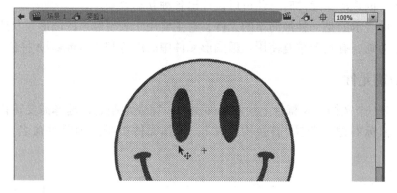

图4-7 元件编辑界面

图4-8 返回舞台

4.3 创建实例

4.3.1 实例的概念

在 Flash 中创建一个元件后，该元件并不能直接应用到场景中，要运用元件到场景中，就需要创建其实例。实例就是将元件从"库"面板中拖曳至舞台，是元件在舞台中的具体表现。

4.3.2 修改实例的属性

将元件从"库"面板中拖曳至舞台，点击界面右边的"属性"控制面板，对实例的位置和大小、色彩效果进行修改，如果是影片剪辑元件，还可以修改动画的"循环"播放等参数，如图 4 – 9 所示。

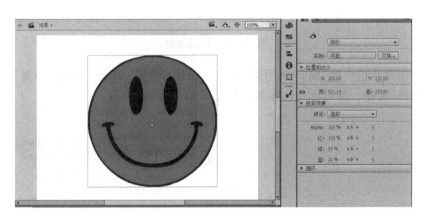

图 4 – 9 修改实例属性

4.4 场景的操作

场景是动画不同情境的背景，每一个不同的情境都有丰富的内容，将动画的情境串联起来，就完成一个完整的动画。场景的大小决定动画画面的大小，在默认情况下，Flash 中的场景大小为 500 像素 × 400 像素。

4.4.1 场景的添加及转换

要制作场景丰富的动画，可以考虑在动画制作过程中添加多个场景。

(1)点击菜单栏中的"文件→打开"命令，打开一张位图素材文件，如图 4 – 10 所示。

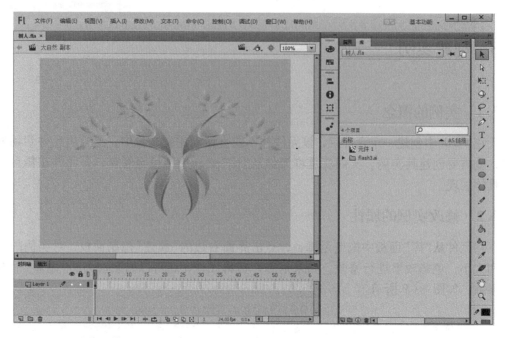

图4-10 添加素材

（2）单击菜单栏中的"窗口→场景"命令，弹出"场景"面板，单击"场景"面板下方的"添加场景"按钮，即可创建新场景，如图4-11所示。

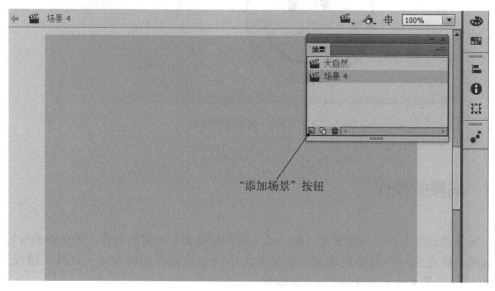

"添加场景"按钮

图4-11 添加场景

4.4.2 场景的命名

双击"场景"面板中的场景名字，即可修改场景的命名，如图4-12所示。

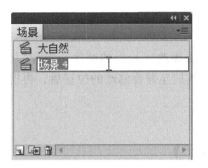

图 4 – 12　场景命名

4.4.3　场景的删除及复制

在制作动画过程中，如果要删除场景，打开"场景"面板，点击需要删除的场景，再点击"场景"面板左下角的删除按钮，即可删除场景，如图 4 – 13 所示。

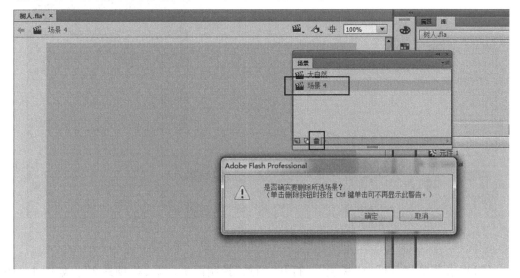

图 4 – 13　删除场景

复制的场景可以说是所选场景的一个副本，所选场景中的帧、图层和动画等都得到复制，并形成一个新场景。复制场景主要用于编辑某些类似的场景。

如果用户需要复制场景，只需在"场景"面板中选择需要复制的场景，然后单击该面板左下角的"重置场景"按钮，即可复制一个新场景，如图 4 – 14 所示。

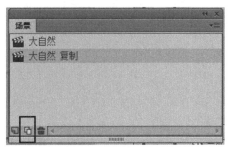

图 4 – 14　复制场景

4.4.4　改变场景的顺序

在动画制作过程中，如果要改变场景的顺序，打开"场景"面板，长按鼠标左键拖曳需要变化顺序的场景，将其放至需要修改的位置后，再松开鼠标，即可完成场景顺序的改变。

4.5　实例——《贺新年》

（1）新建一个文档，将需要的素材放入"库"面板。如图4－15所示。

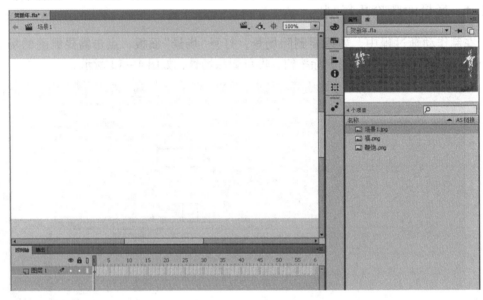

图4－15　导入素材

（2）点击菜单"窗口"→"场景"，打开"场景"控制面板，新建"场景2"，如图4－16所示。

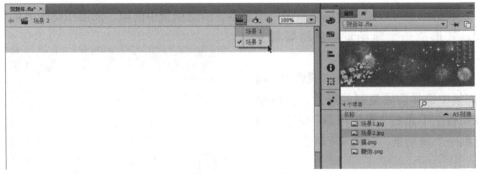

图4－16　新建场景

(3)点击"属性"控制面板，修改场景大小为 1001 像素 ×332 像素，并将"贺新年.jpg"放入舞台，对齐舞台。在"时间轴"第 50 帧的位置，添加普通帧。如图 4 – 17 所示。

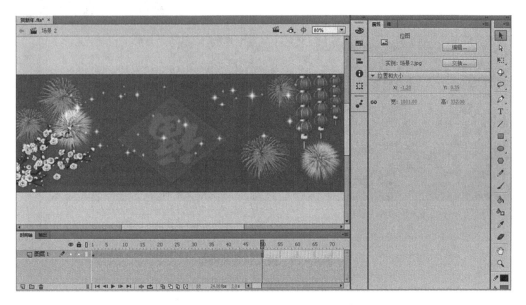

图 4 – 17　修改场景尺寸并插入元素

(4)在第一个关键帧上放入"福.png"素材，如图 4 – 18 所示。

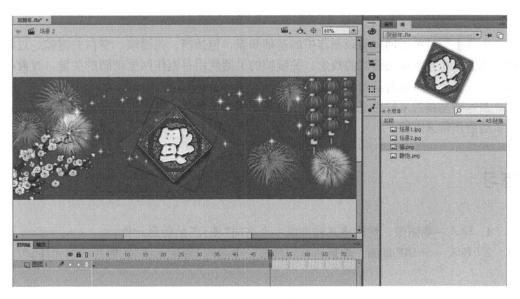

图 4 – 18　添加素材

(5)将"鞭炮.png"素材放入舞台，并对素材进行缩放及位置调整，如图 4 – 19 所示。

图 4 – 19　插入元素并调整

小结

本章主要讲解了网页动画制作中的基础知识，包括帧、关键帧、空白关键帧、过渡帧的概念。重点掌握关键帧的概念，关键帧的灵活使用是制作网页动画的关键。过渡帧也是以关键帧的创建为基础而产生的。

当运动动画效果较为复杂时，可以选择使用多个场景，除了可以丰富动画效果，还可以给制作带来方便。

练习

1. 导入一幅图像，然后将其转换成一个名叫"图片"的图形元件。
2. 导入一个 GIF 动画，然后将其转换成一个名叫"影片元件"的影片剪辑元件。

5 Flash 基本动画的制作

【知识要点】

- 掌握逐帧动画的制作原理；
- 掌握运动渐变动画的制作原理；
- 掌握图形渐变动画的制作原理。

在前面的章节，我们对构成动画的基本要素"帧"有了一定的了解，而 Flash 动画就是根据帧在时间轴上不同的变化而产生的。本章节，我们主要学习 Flash 动画的制作原理，掌握逐帧动画、运动渐变动画、图形渐变动画的制作方法。

5.1 Flash 动画概述

5.1.1 Flash 动画的原理

动画是通过迅速变化且连续的一系列图像(形)来获得的，由于每张图像(形)变化的范围较小，所以形成的动画看起来十分连贯。

Flash 动画和电影一样，都是根据视觉暂留原理制作的。人的视觉具有暂留特性，也就是说，当人的眼睛看到一个物体后，图像会短暂停留在眼睛的视网膜上而不会马上消失。利用这一原理，在一幅图像还没消失之前将另一张图像呈现在眼前，就会产生一种连续变化的效果。

Flash 动画是基于帧构成的，它通过连续播放若干静止的画面来产生动画效果。这些静止的画面被称为帧。控制动画播放速度的参数称为 fps，即每秒的播放帧数，但即使 fps 设置为 12，要完成流畅的动画仍需要做大量的工作。因此，Flash 动画制作过程中，可以运用关键帧创作关键的变化画面，再通过在关键帧之间创建补间动画，提高动画制作的效率。

5.1.2 Flash 动画的类型

Flash 动画制作过程中一共有两种类型，分别是逐帧动画和渐变动画。在逐帧动画中，用户需要为每一帧创建不同的动画内容，即为每一帧绘制图形或者导入素材图像。如图 5－1 所示为时间轴上的逐帧动画。

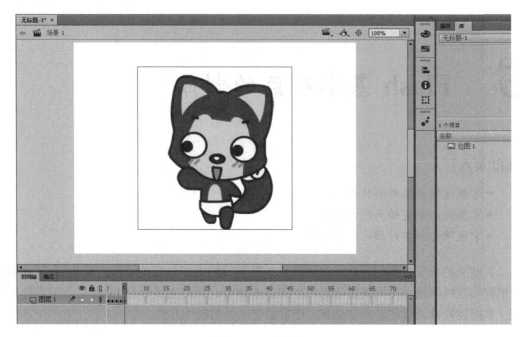

图 5 - 1　逐帧动画

　　由于逐帧动画的工作量非常大，因此，Flash 还提供了一种简单的动画制作方法——补间动画。即绘制关键的变化画面在关键帧上，在两关键帧之间创建渐变动画，两关键帧之间变化的画面将由 Flash 自动生成。

　　渐变动画可以分为运动渐变动画和形状渐变动画两种类型。

　　运动渐变动画：用户可以定义元件在某一关键帧中的位置、大小、旋转角度等属性，然后在另外一个关键帧中改变这些属性，在两关键帧之间创建运动渐变动画，Flash 将自动生成运动变化的画面。

　　形状渐变动画：以对象的形状来定义动画，即用户在某一帧定义动画的形状，然后在另一个关键帧中改变其形状，在两关键帧之间创建形状渐变动画，Flash 将自动生成形状变化的画面。

5.2　逐帧动画的制作

5.2.1　逐帧动画的原理

　　逐帧动画是 Flash 动画制作中最常见的一种动画形式。其原理是在连续的关键帧中分解动画动作，在时间轴不同的位置进行移动，即可形成动画效果。

　　制作逐帧动画的方法非常简单，只需要在时间轴每个关键帧上逐帧绘制画面，然后按顺序播放各动画帧上的内容即可。因为在逐帧动画中每个关键帧上的内容都不一样，所以制作过程较为烦琐且工作量大，输出文件也较大。

5.2.2　逐帧动画的制作方法

　　制作逐帧动画时，一般是在某一帧的前、后新建一个内容完全相同的关键帧，再按照动画运动规律对相同的内容进行编辑、修改，使之与相邻帧中的同一对象相比有一些变化。重复这样的操作，直到完成全部动画的制作。

　　制作逐帧动画的方法如下：

　　(1)预先绘制草图。如果逐帧动画中的对象动作变化较多，为确保在制作过程中动画的流畅和连贯，通常应在正式制作之前绘制各关键帧动作的草图，在修改并最终确认草图内容后再参照草图进行逐帧动画的制作。

　　(2)修改关键帧内容。在制作完动画后，如果发现动画的连贯性和流畅性还需要修改，可以选择其中较好的关键帧进行复制，粘贴到需要修改的关键帧上，然后进行微调。

5.2.3　实例分析

　　(1)按照运动的规律，绘制好动画运动变化的画面，导入到库文件中，如图5-2所示。

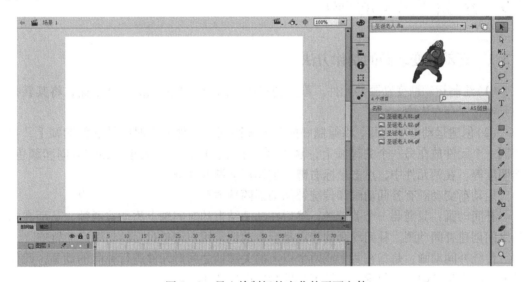

图5-2　导入绘制好的变化的画面文件

　　(2)将绘制好的画面元件按顺序放入时间轴上不同的空白关键帧上，然后打开"对齐"控制面板，将关键帧进行对齐，逐帧动画就制作完成了，如图5-3所示。

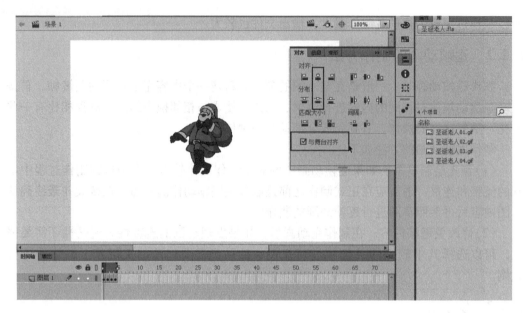

图 5 - 3　对齐关键帧

5.3　运动渐变动画的制作

5.3.1　运动渐变动画的制作方法

(1)绘制运动渐变动画的元件。首先创建运动渐变动画变化的关键画面,将其转换为元件,保存在库中。

(2)创建运动渐变动画。将绘制好的关键帧画面的元件放入时间轴的关键帧上,再将同一个元件放在另一个关键帧上,修改另一个元件的位置、大小、旋转方向和颜色、透明度等。在两元件中,点击鼠标右键,创建运动渐变动画。

运动渐变动画有补间动画和传统补间动画两种类型。

补间动画:只需要一个关键帧,然后在动画结束的时间轴上添加普通帧,从而在两者之间创建补间动画。补间动画的特点是会自动记录用户调整过后的动画运动轨迹。

传统补间动画:是指在两个或两个以上的关键帧之间对元件进行补间的动画,元件随着时间变化其颜色、位置、旋转等属性相应产生变化。

5.3.2　实例分析

1.创建补间动画

(1)导入素材"雪花"到舞台,通过魔术棒工具删除雪花背景颜色,并修改舞台背景颜色。将修改好的"雪花"转换为元件。如图 5 - 4 所示。

图 5 - 4   制作"雪花"元件

（2）在时间轴第 60 帧处添加普通帧，如图 5 - 5 所示。

图 5 - 5   添加普通帧

（3）将鼠标放在关键帧与普通帧之间的位置，点击鼠标右键，选择"创建补间动画"，如图 5 - 6 所示。

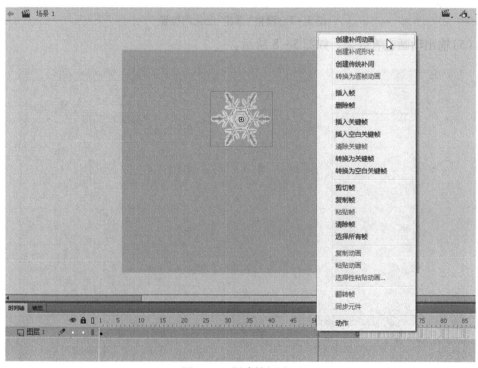

图 5 - 6   创建补间动画

（4）将鼠标放在元件需要产生位移、大小、颜色等属性变化的位置上，并单击鼠标右键创建关键帧，对元件的位置、大小、颜色等属性进行调整；还可以修改动画的运动轨迹，如图5-7所示。

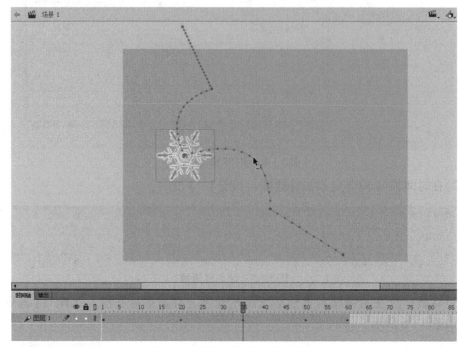

图5-7　调整"雪花"变化的位置

（5）输出动画查看效果，如图5-8所示。

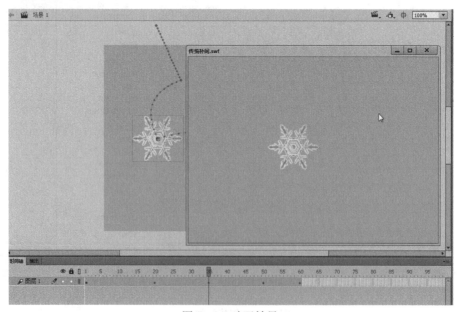

图5-8　动画效果

2. 创建传统补间动画

(1)导入素材"雪花"到舞台，通过魔术棒工具删除雪花背景颜色，并修改舞台背景颜色。将修改好的"雪花"转换为元件。

(2)在元件位移、大小、颜色等属性需要变化的位置添加关键帧，如图5-9所示，并对元件属性进行相应的调整。

图5-9　添加关键帧

(3)在两关键帧之间（关键帧上的必须是同一个元件），点击鼠标右键选择"创建传统补间"创建传统补间动画，并调整每个关键帧上元件的位置、大小、颜色等属性，如图5-10所示。

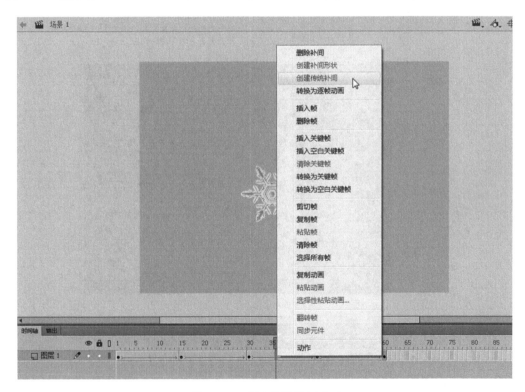

图5-10　创建传统补间动画

5.4 形状渐变动画的制作

5.4.1 形状渐变动画的制作方法

形状渐变动画的创建方法：创建出两个关键帧中的对象，这两个关键帧所对应的对象必须是不同的图形（而不是符号），在两个关键帧之间通过右键选择，创建形状补间动画。

5.4.2 实例分析

（1）新建一个空白文档，将素材"型男1"和"型男2"分别导入时间轴上的不同关键帧，并通过魔术棒工具将素材的背景删除，如图5-11所示。

图5-11 导入素材

（2）在时间轴的两个不同关键帧上单击鼠标右键，选择"创建补间形状"，如图5-12所示，形状渐变动画将自动生成。

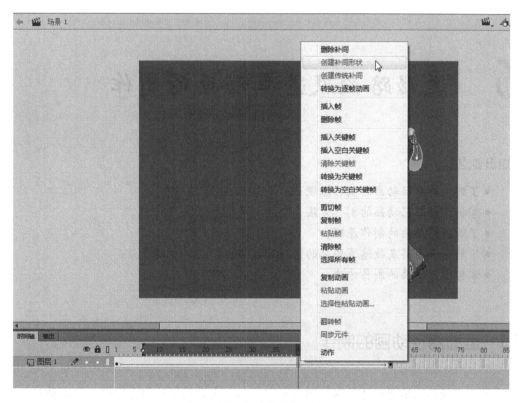

图 5 – 12　创建形状补间动画

小结

　　本章主要讲解 Flash 动画制作中的传统补间动画、补间动画、形状补间动画的制作方法。在制作不同的补间动画过程中，需要注意各种补间动画创建的条件。传统补间动画、补间动画创建的对象是元件，传统补间动画的行程需要元件在两个不同关键帧上有变化，而补间动画只需要在一个关键帧上放置元件，变化的动画由普通帧生成。形状补间动画的创建，需要在不同的关键帧上有两个不同的图形。

练习

1. 通过对形状补间动画的理解，制作一个星星变成花朵的形状补间动画。
2. 制作电子资源中"练习素材 \ 第 5 章 \ 写字动画 \ 写字动画 . swf"的效果动画。
3. 制作电子资源中"练习素材 \ 第 5 章 \ 炊烟 \ 炊烟 . swf"的效果动画。

6 运动路径及遮罩动画的制作

【知识要点】
- 了解运动路径动画的制作原理；
- 掌握运动路径动画的制作方法；
- 了解遮罩动画的制作原理；
- 了解遮罩图层及被遮罩图层的区别及作用；
- 掌握遮罩动画的制作方法。

6.1 运动路径动画的制作

运动路径动画是通过运动路径图层来实现的，由运动路径作为指引，使运动对象沿着自定义路径进行运动变化。运动路径动画打破了传统位移运动对象两点一线的直线运动效果，对象可沿着自定义路径的指引而实现运动多样化，从而产生运动对象自由运动的特殊效果。如图6-1所示。

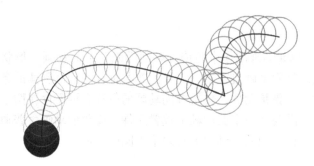

图6-1 自定义运动路径

6.1.1 运动路径动画的制作方法

运动路径动画中的运动路径是在运动路径图层中绘制的。运动路径只有在制作动画时才可以看到，实际动画播放时是看不到的。运动路径动画是通过运动路径图层（引导层）来完成的，需要在运动路径图层中绘制一条用以引导动画对象运动的轨迹（引导线）来实现对象的自由运动效果。

运动路径动画的创建步骤：

（1）在被引导图层即图层1中创建位移运动渐变动画效果，如图6-2所示。

图6-2 创建位移运动渐变动画效果

（2）右键单击被引导图层，选择"添加传统运动引导层"，如图6-3所示。

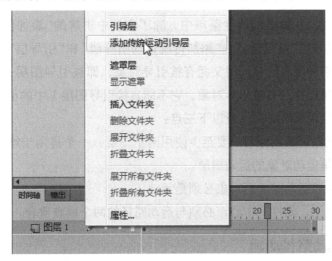

图6-3 添加传统运动引导层

（3）在传统运动引导层中绘制引导路径，如图6-4所示。

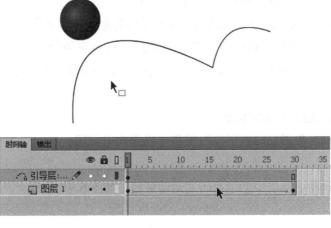

图6-4 绘制引导路径

（4）在动画起始帧和结束帧的位置，分别将运动对象的中心点与路径的起始点、结束点对齐，完成运动路径动画的制作，如图6－5所示。

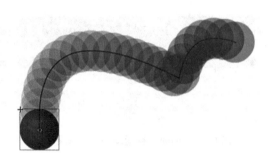

6－5　运动对象中心点与起始点、结束点对齐

右键点击图层，在弹出的属性菜单中，除了实例中讲解的"添加传统运动引导层"外，还有一种"引导层"可以选择。"添加传统运动引导层"和"引导层"的区别在于，前者添加后既具备引导层属性，同时又拥有被引导对象，即被引导图层——图层1；而后者只具备引导层属性并没有被引导对象，它不能直接引导图层1中的小球沿路径运动。

制作运动路径动画时必须注意以下三点：

（1）沿路径运动动画制作时需要至少使用两个图层，一个是用于绘制固定路径的运动引导层，一个是运动对象的运动图层。

（2）按运动轨迹运动的动画对象必须是元件。

（3）在关键帧上，元件的中心点必须与运动路径的两个端点重合。

6.1.2　封闭运动路径动画

按运动轨迹区分，运动路径动画可分为开放式运动路径动画和封闭式运动路径动画。开放式运动路径动画是指其运动轨迹为开放性的路径；而封闭式运动路径动画是指运动轨迹呈闭合状态，例如圆形、方形等路径形态。

制作封闭运动路径动画与开放式运动路径动画的最主要区别在于，如何将运动对象的中心点与路径的起始点和结束点对齐。由于封闭运动路径动画的引导路径呈闭合状态，很难找到其起始点和结束点两个端点，因此在制作此类动画时往往采用两种制作方法。

方法一：强制定义关键帧位置

（1）添加运动对象图层即被引导图层和传统运动引导层，在运动对象图层中创建传统运动渐变动画。

（2）在传统运动引导层中创建封闭式运动路径，如图6－6所示。

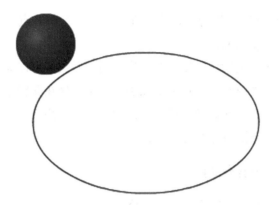

图 6-6　创建封闭式运动路径

（3）分别在被引导图层时间轴上的第 5、10、15、20 帧的位置创建关键帧，分别移动小球到封闭路径的不同位置，通过强制定义小球的位置来达到沿路径运动效果，如图 6-7 所示。

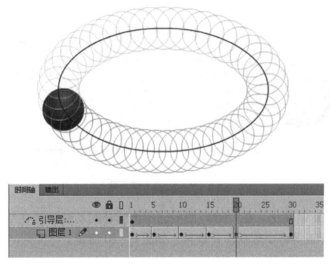

图 6-7　强制定义关键帧位置

方法二：利用"路径不可见"特性完成动画

由于引导层中的引导路径通常在动画预览时是隐藏的，因此，该方法将利用这一特性来完成。

（1）添加运动对象图层即被引导图层和传统运动引导层，在运动对象图层中创建传统运动渐变动画，并在传统运动引导层中创建封闭式运动路径。

（2）利用选择工具在封闭式引导路径的任意位置选取小块，并将其删除，使封闭路径产生一个小小的缺口，这样原本封闭的路径就出现了起始点和结束点两个端点，如图 6-8 所示。

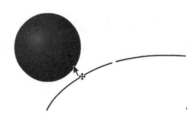

图 6-8　在封闭路径上制造小缺口

（3）在动画起始帧和结束帧的位置分别将运动对象的中心点与路径的起始点、结束点对齐，完成运动路径动画的制作。

分析比较两种封闭式运动路径动画的制作，两种做法都可以完成小球围绕封闭路径运动的效果。第一种方法由于是通过关键帧手动强制小球在路径中的位置，因此会导致小球运动速度忽快忽慢，不能做到匀速运动；而第二种方法不仅可以做到封闭式运动路径效果，而且可以使小球沿着路径进行匀速运动。

6.1.3 实例分析——变化的小球

（1）新建一个空白文档，在工作区域中单击右键，在弹出的快捷菜单中选择"文档属性"命令，在弹出的"文档设置"对话框中设置"尺寸"为700像素×525像素，"帧频"为24fps。

（2）在舞台中绘制小球，将小球转换为图形元件，并创建传统运动渐变动画，如图6-9所示。

图6-9 创建小球元件

（3）设置小球运动变化。在"小球"图层创建传统补间动画，并在结束帧修改小球颜色，应用任意变形工具将小球变形并旋转，如图6-10所示。

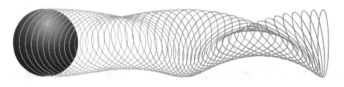

图6-10 将小球变形并旋转

（4）新建传统运动引导层，绘制引导路径，并在动画的起始帧和结束帧的位置将钢笔工具的中心点与路径的起始点和结束点对齐，如图6-11所示。

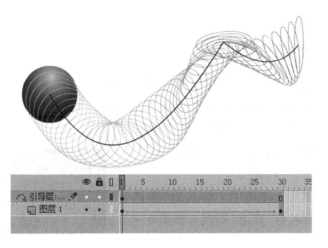

图 6 – 11　绘制引导路径

6.2　遮罩动画的制作

　　遮罩动画是一种特殊的图层属性动画，是利用遮罩图层和被遮罩图层的特殊效果来实现动画主体在一定区域范围内被遮挡与被显示的动画类型。

　　遮罩动画中必须由遮罩层和被遮罩层两个图层构成。在图层堆栈列表的排列中，上面的图层作为遮罩层，下面的图层作为被遮罩层。选择作遮罩层的图层，右键选择"遮罩层"将图层转换成遮罩层属性，如图 6 – 12 所示。

图 6 – 12　遮罩层设置

　　遮罩层是一种很特殊的图层，可以将被遮罩层的内容遮罩屏蔽，而被遮罩层中的内容以遮罩层图形区域大小为区域显示内容。因此，在遮罩动画中，遮罩层中的对象只需考虑大小、形状及位置；而被遮罩层中的对象即是显示的内容，所以必须考虑其内容、大小、颜色及位置。

　　在遮罩动画的预览中，遮罩图层中的图形图像是不可见的，而被遮罩图层中的图形图像将被显示出来。由于遮罩图层和被遮罩图层的这一特殊性，在制作遮罩动画时需要注意动画运动对象是放在遮罩图层还是被遮罩图层，不同图层中的对象运动会使遮罩动画完成效果截然不同。

6.2.1 遮罩动画的制作方法

遮罩动画是将遮罩图层中的图形以孔的形式观察被遮罩图层中的对象变化的动画效果。制作时必须满足被遮罩层（显示层）和遮罩层（孔层）同时存在，并且被遮罩层在下方，遮罩层在上方，最后设置上方的图层为遮罩层属性。

（1）在图层堆栈列表中创建两个图层，即图层1和图层2，如图6-13所示。

（2）修改图层名称。将图层1命名为"被遮罩"图层，图层2命名为"遮罩"图层，如图6-14所示。

图6-13 创建图层

图6-14 修改图层名称

图6-15 修改图层属性

（3）右键单击遮罩图层，将其属性修改为"遮罩"，如图6-15所示。

制作遮罩动画时需要注意：

①两个图层的顺序必须正确，即遮罩层在上，被遮罩层在下。

②遮罩层中的对象即是"孔"，所以只需考虑大小、形状及位置等。

③被遮罩层中的对象即是显示的内容，所以必须考虑内容、大小、颜色及位置等。

遮罩动画是由遮罩层和被遮罩层构成的，运动对象在某个图层中产生运动被叫作某图层遮罩动画。例如运动对象在遮罩图层中产生运动，则将该动画命名为遮罩层运动动画；运动对象在被遮罩层中产生运动，那么该动画就叫作被遮罩层运动动画。运动对象在不同图层，所产生的遮罩动画效果也不一样。下面详细介绍遮罩层运动动画及被遮罩层运动动画的制作方法。

1. 遮罩层运动动画

在图层堆栈列表中，放在上方的图层为遮罩层。将运动对象放在遮罩层中制作遮罩层运动动画效果的具体操作如下：

（1）新建Flash文件，选择工具箱中的矩形工具，在图层1中绘制矩形，如图6-16所示。

（2）创建图层2，使用文本工具在图层2中添加文本，按下"Ctrl + B"键将文本打散，再转换为图形元件"t"，并调整位置，如图6-17所示。

图6-16 绘制矩形

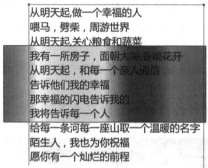

图 6 - 17　创建图层和元件

（3）在图层 2 的第 60 帧插入关键帧，并移动元件"t"到如图 6 - 18 所示位置。

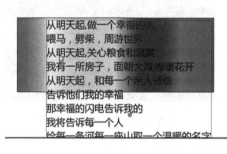
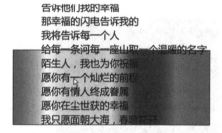

图 6 - 18　插入关键帧

（4）为图层 2 创建传统补间动画，并在图层 1 第 40 帧位置插入普通帧延长时间，如图 6 - 19 所示。

图 6 - 19　创建传统补间动画并插入普通帧

（5）在图层"遮罩"上单击右键选择"遮罩层"，设置遮罩层属性，效果如图 6 - 20 所示。

从明天起，和每一个亲人通信
告诉他们我的幸福
那幸福的闪电告诉我的
我将告诉每一个人
给每一条河每一座山取一个温暖的名字
陌生人，我也为你祝福

图 6 - 20　设置"遮罩层"属性后的效果

在这个实例中，被遮罩层中的渐变颜色最终显示在文本的形状内，遮罩层中的文本颜色不被显示。通过文本从下向上移动，使遮罩层中的文字呈现色彩渐变效果。

2. 被遮罩层运动动画

位于图层堆栈列表下方的为被遮罩层，在此图层中运动的动画称为"被遮罩层运动动画"。制作被遮罩层运动动画的具体操作如下：

（1）新建一个文档，设置背景为黑色。在堆栈列表中创建三个图层，如图6-21所示。

图6-21 创建图层

图6-22 导入图片文件

（2）分别将文件"图片1"和"图片2"导入库中，如图6-22所示。

（3）将图片1和图片2分别打散，并将白色区域删除。把图片1放入图层1中并转换为图形元件1；把图片2放入图层2中并转换为图形元件2；在图层3中绘制球形。

（4）选中图层1的第1帧和第40帧，分别把图片1拖到球形的左边和右边，并创建传统补间动画；选中图层2的第1帧和第40帧，分别把图片2拖到球形的右边和左边，并创建传统补间动画，如图6-23所示。

图6-23 拖动图片并创建传统补间动画

（5）新建图层 4，并将图层 3 中的球形复制到图层 4 中，如图 6 - 24 所示。

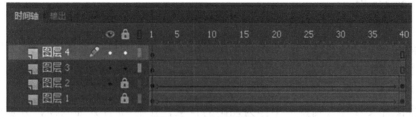

图 6 - 24　创建图层 4

（6）单击图层 3 选择"遮罩层"，并将图层 1 拖动到图层 2 下方，如图 6 - 25 所示。

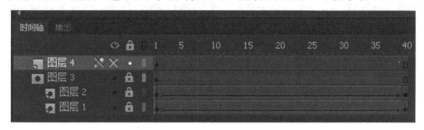

图 6 - 25　设置"遮罩层"属性

（7）修改图层 4 中球形的色彩，将白色改为蓝白放射状渐变效果，并设置透明度，将其转换为图形元件 3，如图 6 - 26 所示。

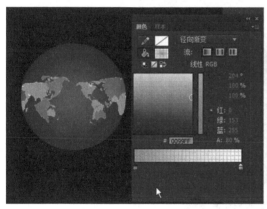

图 6 - 26　设置球形色彩

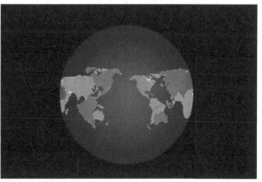

图 6 - 27　预览动画

（8）预览并保存动画，如图 6 - 27 所示。

由于遮罩动画产生的效果会使被遮罩层的部分内容消失，因此如果还需要显示被遮罩层内容，就必须新建一个图层，把该图层内容复制到新图层，然后把新图层移到被遮罩层下方，并修改相应属性使其区别于被遮罩图层内容。

6.2.2 实例分析

实例一：文字遮罩动画制作

（1）新建一个空白文档，在工作区域中右击，在弹出的快捷菜单中选择"文档属性"命令，在弹出的"文档设置"对话框中设置"尺寸"为 700 像素 × 525 像素，"帧频"为 24fps。

（2）将图片文件导入到舞台中作为动画的背景，在第 40 帧处插入帧，分别创建遮罩层和被遮罩层，如图 6 - 28 所示。

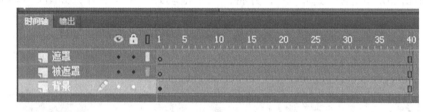

图 6 - 28　创建遮罩层和被遮罩层

（3）在遮罩层和被遮罩层中分别创建文本和绘制图形，如图 6 - 29 所示。在遮罩层中添加文字，按"Ctrl + B"组合键将文字打散，转换为图形元件。

图 6 - 29　创建文本和绘制图形

（4）在遮罩层创建传统补间动画，设置遮罩层属性，完成动画的制作，如图 6 - 30和图6 - 31 所示。

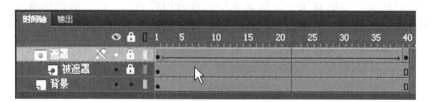

图 6 - 30　设置遮罩层属性

图 6 – 31　动画效果

　　本实例中，将遮罩层中的对象制作为运动渐变动画效果，使其产生位移运动。通过遮罩图形以"孔"的形式显示被遮罩层中的内容，使被遮罩层中的渐变颜色填充在运动的文字形状内，产生运动中文字的渐变效果。

　　实例二：放大镜动画

　　(1)新建一个 Flash 文档。把素材文件"文字 . jpg"导入库中。

　　(2)新建图层 1 并重命名为"txt"，把"文字 . jpg"文件拖入场景，并设置图片大小和场景大小一致，如图 6 – 32 所示。

图 6 – 32　新建图层

　　(3)按"Ctrl + F8"键新建一个"FDJ"图形元件，并把放大镜的"镜片"转换为"JP"图形元件，如图 6 – 33 和图 6 – 34 所示。

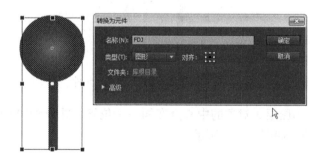

图 6 – 33　新建"FDJ"图形元件

图6-34 "镜片"转换为"JP"图形文件

（4）返回场景，新建图层2并命名为"FDJ"，把"FDJ"图形元件拖入图层2，并放在适当位置，如图6-35所示

图6-35 新建图层并导入"FDJ"元件

（5）新建图层3命名为"JP"，把"JP"图形元件拖入图层3，并与图层2的镜片重合。如图6-36所示。

图6-36 新建图层并导入"JP"元件

（6）修改图层2和图层3对象的中心点在同一个位置，并设置"FDJ"和"JP"做同样的运动渐变动画效果，如图6-37所示。

图 6 - 37　设置运动渐变动画效果

（7）在"JP"图层下创建图层"TXT - FD"，并把"文字.jpg"文件拖入图层，同时利用变形工具进行等比例放大。

（8）调整图层堆栈列表顺序，选中"JP"图层右击设置为"遮罩"，动画效果如图 6 - 38 所示。预览并保存、导出动画。

图 6 - 38　动画效果

小结

本章重点介绍了遮罩动画和运动路径动画的制作方法。遮罩是一种选择性隐藏和不显示图层内容的方法。它可以控制观众看到的内容；运动路径动画可以使对象沿着不规则或自定义的路径行走，这两种动画类型都可以提高 Flash 制作动画的效果。

练习

1. 利用遮罩层制作电子资源中"练习素材 \ 第 6 章 \ 流光效果 \ 流光效果.swf"效果的动画。

2. 制作电子资源中"练习素材 \ 第 6 章 \ 激光描边字 \ 激光描边字.swf"效果的动画。

7 简单的 ActionScript 操作

【知识要点】

- 了解动作控制面板的使用；
- 熟悉行为的适用对象；
- 掌握关键帧的使用方法；
- 掌握按钮元件的使用方法；
- 掌握影片剪辑元件的使用方法。

7.1 关于按钮

Flash 中的元件有三种类型，前面已经介绍了图形元件与影片剪辑元件的使用，在本节中将介绍按钮元件的使用。按钮元件是 Flash 中特殊的元件类型，它与其他两类元件最根本的区别在于它在动画播放过程中是默认静止播放的，用户可以通过鼠标点击按钮，以按钮作为媒介，将用户和影片联系在一起，使用户和动画之间产生交互效应。

7.1.1 互动按钮简介

按钮是 Flash 三种元件类型之一，是 Flash 动画创建中交互功能的重要组成部分。使用按钮元件可以在动画中执行鼠标点击、滑过等动作，从而使动画产生特殊的响应事件。

与图形元件、影片剪辑元件不同，按钮元件只有四帧，它只对鼠标动作做出反应，用于建立交互按钮。当新建一个按钮元件，可以在库面板中双击按钮元件，进入到按钮元件编辑面板，此时，在时间轴上显示四帧，分别是弹起、指针经过、按下和点击。用户通过对这四帧的编辑，可得到动画中按钮的基本效应。按钮元件在使用时必须配合动作才能响应事件的结果。用户还可以在按钮元件中嵌入影片剪辑，编辑出形式多样的动态按钮。

7.1.2 动态按钮的制作

创建按钮元件的方法与创建图形元件、影片剪辑元件相同。一是将舞台上绘制的形状转换为按钮元件，并在库面板中双击元件进入其编辑面板进行编辑；二是新建按钮元件，可直接进入到按钮编辑面板进行操作。在按钮元件编辑面板的时间轴上，我们可以看到"弹起""指针经过""按下"和"点击"四帧，它们都对应一个特定的功能。

①弹起：此帧中放置的内容是按钮未检测到鼠标事件时所表现的状态。

②指针经过：此帧中所放置的内容是当鼠标指针移动到按钮上时的状态。

③按下：此帧中所放置的内容是当鼠标左键在按钮上按下时所表现的状态。

④点击：此帧中放置的内容是用于设置鼠标动作的感应区，即只有当鼠标指针移动到此帧中内容所涉及的区域时，按钮才会产生响应。此帧当中的内容在动画中是显示不出来的，只起到设置响应区域范围的作用。

1. 创建标准按钮元件

按钮元件的时间轴实际上并不用于播放，它只是对鼠标动作做出反应，从而跳到相应的帧而发生相应事件。创建一个标准的按钮元件的具体操作如下：

（1）新建 Flash 文档，点击"插入→新建元件"，打开"创建新元件"对话框。

（2）在该对话框中输入元件名称"按钮"，类型选择"按钮"选项，点击"确定"完成创建，并进入到按钮元件编辑面板，如图 7 −1 所示。

图 7 −1　创建按钮元件

（3）单击第一帧"弹起"，在舞台绘制按钮形状并输入文字，完成基本按钮创建，如图 7 −2 所示。

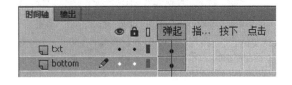

图 7 −2　创建基本按钮

（4）单击第二帧"指针经过"，按"F6"键插入关键帧，修改舞台中按钮形状及文字颜色，编辑当鼠标经过时的按钮状态，如图 7 −3 所示。

图7-3　编辑指针经过时的按钮状态

（5）单击第三帧"按下"，按"F6"键插入关键帧，点击任意变形工具将舞台中按钮形状及文字沿中心等比缩小，编辑当鼠标按下瞬间按钮的变化效果，如图7-4所示。

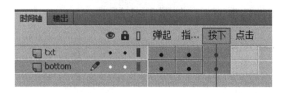

图7-4　编辑按钮按下时的状态

（6）单击第四帧"点击"，按"F7"键插入空白关键帧，在舞台原按钮边缘外位置绘制形状，创建控制按钮热区范围，如图7-5所示。

图7-5　创建按钮热区范围

（7）单击元件编辑区域左上角的"场景1"返回主场景页面，将库面板中的按钮元件拖入舞台中央，预览动画可看到新创建的动态按钮元件。

2. 创建动画效果按钮

除了创建标准的按钮元件外，还可以利用按钮的不同帧型来完成特殊的按钮动画效果。下面在标准按钮的基础上完成动画效果按钮的创建，具体操作如下：

（1）进入按钮编辑面板，在时间轴堆栈列表中新建图层，命名为"动态效果"。分别在"弹起""指针经过""按下"帧上按"F7"键插入空白关键帧，如图 7 – 6 所示。

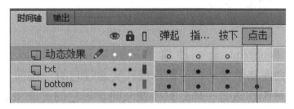

图 7 – 6　新建图层并插入空白关键帧

（2）创建"心动画"影片剪辑元件，如图 7 – 7 所示。

图 7 – 7　创建"心动画"影片剪辑元件

（3）点击"指针经过"帧，将带有动画效果的影片剪辑元件拖动到舞台，调整图层排列顺序，如图 7 – 8 所示。

图 7 – 8　调整图层顺序

（4）单击元件编辑区域左上角的"场景 1"返回主场景，预览动画效果。当鼠标移动到按钮时，影片剪辑动画将自动播放，如图 7 – 9 所示。

在动画作品中，当我们点击按钮，通常会听到按钮发出响应声音。给按钮添加声音和添加动画效果的操作是相同的，只需要在鼠标动作所对应的帧型上添加声音文件就即可。需要注意的是，在按钮上设定声音时，必须将声音设定为"事件"类型，同时声音文件越短越好。

图 7 – 9　预览动画效果

7.2　理解 ActionScript 3.0

　　Flash 使用的 ActionScript 是一种简单的脚本语言，可以扩展 Flash 的功能。ActionScript 3.0 可能会使初学者踌躇不前，但其实通过它的一些简单脚本可以获得很好的结果。它和任何一种编程语言一样，只要花时间学习它的语法和基本术语，就可以很好地使用。

7.2.1　关于 ActionScript

　　ActionScript 类似于 JavaScript，可以向 Flash 动画中添加更多的交互性。在本章中，将要使用 ActionScript 来为按钮添加动作，学习如何使用 ActionScript 来完成停止动画这样的简单任务。

　　在使用 ActionScript 时，并不需要精通它，对于一些常见的任务，只需复制其他的 Flash 用户分享的脚本即可。另外，还可以使用代码片断面板，以便简单而又直观地向项目中添加 ActionScript，或与其他开发者共享 ActionScript 代码。但是，如果能够了解 ActionScript 工作的方式，则可以使用 Flash 完成更多任务，并在使用时更得心应手。

7.2.2　理解脚本编程术语

　　ActionScript 中有许多术语，与其他脚本编程语言相类似。以下是经常出现在 ActionScript 中的术语。

　　1. 变量

　　变量表示一份特定的数据，有助于追踪一些事情，如可以使用变量来追踪某场比赛中的得分或某个用户单击鼠标的次数。创建或声明一个变量时，需要指定其数据类型，以确定该变量代表哪种数据，如 String 变量保存的是所有字母字符，而 Numver 变量保存的则是数字。

　　2. 关键字

　　在 ActionScript 中，关键字是用于完成特定任务的保留字，如 var 是用于创建变量的关键字。

　　在 Flash"帮助"菜单中可以找到关键字的完整列表，因为这些单词是保留字，因此不能将它们用作变量名或另作他用，ActionSctipt 常常用它们来完成特定的任务。在动作面板中输入 ActionSctipt 代码时，关键字将会变成不同颜色，这是在 Flash 中知道一个单词是否是关键字的好方法。

　　3. 参数

　　参数常出现在代码的圆括号之内，可以为某个命令提供一些特定的详细信息，如在代码"gotoAndPlay(5);"中，参数可以指导脚本转入第 5 帧。

　　4. 函数

　　函数会将很多行的代码组织起来，然后通过函数名称来引用它们。使用函数可以多次运行相同的语句集，而不必重复地输入。

5. 对象

在 ActionScript 3.0 中，可以使用对象来完成一些任务，如 Sound 对象可以用于控制声音，Date 对象可以用于管理与时间相关的数据。之前创建的按钮元件也是一种叫作 SimpleButton 的对象。

在编写环境中创建的对象（与那些在 ActionScript 中创建的对象不同）也可以在 ActionScript 中被引用，只要它们拥有唯一性的实例名。"舞台"上的按钮也是实例，事实上，实例和对象是同义词。

6. 方法

方法是产生行为的命令。方法可以在 ActionScript 中产生真正的行为，而每一个对象都有它自己的方法集。因此，了解 ActionScript 需要学习每一类对象对应的方法，如与 MovieClip 对象关联的两种方法就是 Stop( )和 gotoAndPlay( )。

7. 属性

属性用于描述对象，如影片剪辑元件的属性包括其宽度和高度、X 和 Y 的坐标以及水平和垂直缩放比例。许多属性都是可以修改的，而有些属性则是"只读"型，这说明它们只用于描述对象。

7.2.3 正确使用脚本的编程语法

如果不熟悉编程语言或脚本语言，那么 ActionScript 可能会难以理解。但是，只要了解了基本的语法，也就是该语言的语法和标点，理解脚本就会容易些。

(1)分号(semicolon)：位于一行的结尾，用于指导 ActionScript 代码已经到了行末，并将转到代码的下一行。

(2)圆括号(parenthesis)：与英语一样，每个开始的圆括号都对应一个封闭圆括号。这与方括号(bracket)、大括号(curly bracket)是一致的。通常，ActionScript 中的大括号会出现在不同行上，这样能更方便地阅读其中的内容。

(3)点(dot)运算符(.)：用于访问对象的属性和方法。实例名后接一个点，再接属性或方法的名称，就可以把点用于分隔对象、方法和属性。

(4)输入字符串时，总要使用引号(quotation mark)。

(5)可添加注释(comment)以提醒自己或其他参与该项目的合作伙伴。要添加单行注释，可使用双斜杠(∥)；要添加多行注释，可使用开始注释符号(/＊)和结束注释符号(＊/)。而注释则会被 ActionScript 忽视、呈灰色，并不会对代码产生影响。

(6)使用动作面板时，Flash 检测到正在输入的动作会显示代码提示。代码提示有两类，包括该动作完整语法的工具提示和列出所有可能的 ActionScript 元素的弹出式菜单。

(7)动作面板填满后，可通过折叠代码组使其阅读更加方便。对于关联的代码块（在大括号之内），单击代码空白处中的减符号(－)即可折叠，单击代码空白处的加符号(＋)即可展开。

7.2.4 导航动作面板

动作面板是编写所有代码的地方。通过选择菜单"窗口→动作"，即可打开动作面板，如图 7-10 所示。

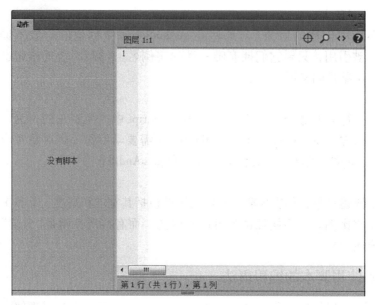

图 7-10 动作面板

动作面板也可以在时间轴上点击选择一个关键帧，然后在"属性"检测器的右上角单击 ActionScript 面板按钮打开，如图 7-11 所示。还可以点击关键帧后右键选择"动作"打开。

图 7-11 单击面板按钮打开动作面板

动作面板为输入 ActionScript 代码提供了一个灵活的编程环境，还有多种不同的选项来帮助编写、编辑和浏览代码。动作面板被分为左右两个部分。右侧是脚本窗口，可用于输入代码，与在文本编辑软件中输入文本的操作相同。左侧是脚本导航器，可用于查找代码所处的位置。Flash 将 ActionScript 代码存放在时间轴的关键帧上，如果代码分散在许多不同的关键帧和时间轴上，该脚本导航器就会非常有用。

在动作面板底部，Flash 显示了当前所选代码区域的行数和列数（或一行中的字符数）。在动作面板的右上角，有各种查找、替换和插入代码的选项。

7.3　在时间轴上为按钮创建时间处理程序

每个新的 Flash 项目都起始于单个帧，要在时间轴上创建空间以添加更多的内容，就需要在多个图层中添加更多的帧。

1. 暂停影片代码

在时间轴上将图层 1 重命名为"action"，选中后面的某个帧按下"F5"键，在这个实例中选择第 40 帧，如图 7 - 12 所示，这样动画将会从第 1 帧到第 40 帧顺序播放。但是对于下一节中的交互式相册实例来说，需要浏览者以他们自行选择的顺序来观察并选择相片，所以需要在第一帧暂停影片，以待浏览者点击按钮，这样就需要使用一个停止动作来暂停 Flash 影片。停止动作可通过暂停播放头来实现。

图 7 - 12　新建图层

（1）选中 action 图层的第一个关键帧，并打开动作面板。

（2）在脚本窗口中，输入"stop( )；"，如图 7 - 13 所示。

图 7 - 13　输入"stop( )"

（3）代码出现在脚本窗口中，而在 action 图层的第一帧中出现了一个小写字母"a"，这表明其中包含了一个 ActionScript 代码。这样影片就可以在第一帧停止了。

2. 侦听事件代码

在 Flash 中，事件是可检测、可响应的，如单击鼠标、移动鼠标或键盘上按键都是事件，这些都是由用户产生的事件，但是有些事件是与用户无关的，如成功地下载一份数据、完成某段音频。使用 ActionSctipt 的事件处理程序，可以编写用于检测、响应各种事件的代码。

为了侦听每个按钮的鼠标点击事件，要添加 ActionScript 代码，其相应地将会使 Flash 转到时间轴的特定帧上，以显示不同的内容。

（1）选择 action 图层的第一个关键帧，打开"动作"面板。

（2）在脚本窗口中，从第二行开始输入以下代码：

movieClip_1. addEventListener(MouseEvent. CLICK, fl_ClickToGoToAndStopAtFrame)；

侦听器将侦听"舞台"上"movieClip_1"对象上的鼠标点击事件，如果该事件发生，就将激发 fl_ ClickToGoToAndStopAtFrame 函数。

（3）在脚本窗口下一行中输入代码：

function fl_ ClickToGoToAndStopAtFrame(event：MouseEvent）：void

　　{gotoAndStop(10)；

}

以上操作如图 7 - 14 所示。

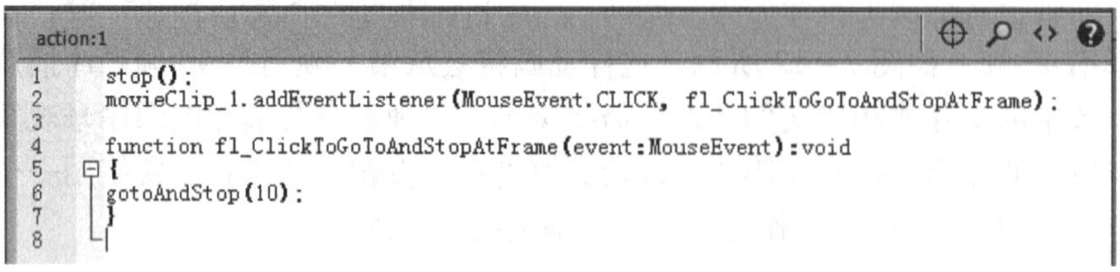

```
action:1                                              ⊕ 🔍 ⟨⟩ ❷
1    stop();
2    movieClip_1.addEventListener(MouseEvent.CLICK, fl_ClickToGoToAndStopAtFrame);
3
4    function fl_ClickToGoToAndStopAtFrame(event:MouseEvent):void
5 ⊟ {
6      gotoAndStop(10);
7    }
8
```

图 7 - 14　输入代码

7.4　创建目标关键帧

网站用户点击每个按钮时，Flash 都会根据 ActionScript 代码的指示，将播放头移动到时间轴的对应位置上。下面介绍在特定的帧中放置一些不同的内容。

7.4.1　向关键帧插入不同的内容

在一个新的图层插入 4 个关键帧，并在新的关键帧中置入一张相册图片。

（1）点击"文件→导入→导入到库"，将素材图片导入到库面板，如图 7 - 15 所示。

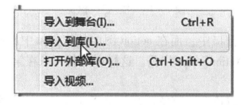

图 7 - 15　选择"导入到库"

（2）将图片分别转换为影片剪辑元件放入"image"图层的第 1、10、20、30 帧中，并对其大小、位置进行调整，如图 7 - 16 所示。

(a) 图片画面

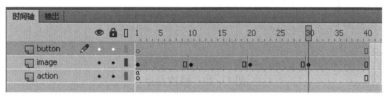

(b) 时间轴设置

图 7 - 16 向关键帧插入图片

（3）添加"button"图层，并创建按钮，实例名为"btn1""btn2"，如图 7 - 17 所示。

图 7 - 17 添加"button"图层

7.4.2 使用关键帧上的标签

用户在网站点击按钮时，ActionScript 代码可以指导 Flash 前往相应的不同帧。但是，如果需要编辑时间轴、添加或删除一些帧时，则需返回 ActionScript 并修改代码以使帧的编号与实际相匹配。

一种非常简单的方法是使用帧标签，而不是固定的帧编号。帧标签是编程人员给予关键帧的名称。这样就不需要通过帧编号来引用关键帧，而是使用它们的帧标签。因此，即使在编辑时移动目标关键帧，帧标签依然跟随着对应的关键帧。要在 ActionScript 中引用帧标签，需要添加引号来括住它，如 gotoAndPlay（"img1"）命令就是将播放头移动到标签为"img1"的关键帧上。具体操作如下：

（1）在 action 图层选中关键帧第 10 帧，在"属性"检查器的标签名称框中输入"img1"，如图 7 - 18 所示。

图 7 - 18 设置标签名称

这样一个拥有标签的关键帧上就会出现一个很小的旗帜图标，如图7-19所示。

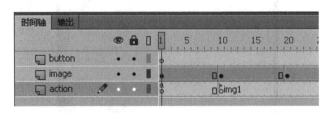

图7-19　关键帧上的标签标志

（2）在action图层，选中关键帧第20帧。依照以上的方法为其添加标签名"img2"。

（3）选中action图层第一帧，打开动作面板，按如图7-20所示，将每个gotoAndStop()命令中的固定帧编号改为相应的帧标签：

gotoAndStop(10)；改为gotoAndStop("img1")；

gotoAndStop(20)；改为gotoAndStop("img2")；

```
action:1                                                    ⊕ ♀ <> ❓
1     stop();
2     movieClip_1.addEventListener(MouseEvent.CLICK, fl_ClickToGoToAndStopAtFrame);
3
4     function fl_ClickToGoToAndStopAtFrame(event:MouseEvent):void
5    {
6         gotoAndStop(img1);
7    }
8     function fl_ClickToGoToAndStopAtFrame(event:MouseEvent):void
9    {
10        gotoAndStop(img2);
11   }
12
```

图7-20　修改命令

这样，ActionScript代码将会指导播放头前往某一指定帧标签，而不是某一指定帧编号处。

7.5　使用代码片断面板创建源按钮

源按钮可以使播放头返回时间轴的第一帧，给观众提供原始帧或主菜单，并将其呈现给网站用户。创建返回第一帧的按钮与之前创建相册按钮的过程相同。本节中，将学习如何使用代码片断面板来添加ActionScript脚本。

代码片断面板可提供一些常见的ActionScript代码，以便轻松地为Flash项目添加交互性，简化整个过程。如果对按钮代码不确定，可使用该面板来学习如何添加交互性。片断面板可以在动作面板中填充必需的一些代码，并自行修正代码中的一些关键参数。

另外，还可以通过面板保存、导入或与项目开发组成员分享一些代码，从而让整个开发过程更高效。

使用代码片断面板添加ActionScript代码步骤如下：

（1）添加"button"图层，并添加新的按钮"button"，实例名为"btn"。

（2）在时间轴上选中第一帧，在"舞台"选中"button"按钮。

（3）选择菜单"窗口→代码片断"，或在动作面板的右上角点击代码片断按钮，如图7－21所示。

图7－21　点击代码片断按钮

代码片断被组织在描述其功能的文件夹中，如图7－22所示。

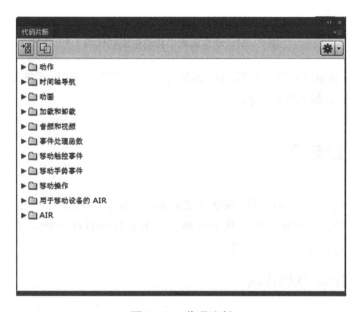

图7－22　代码片断

（4）在代码片断面板中，展开名为"时间轴导航"的文件夹，并双击"单击以转到帧并停止"选项打开动作面板，如图7－23所示。

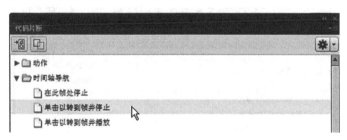

图7－23　双击"单击以转到帧并停止"

（5）打开动作面板后将显示自动生成的代码，代码中的注释部分描述该代码的功能和各个参数，如图7－24所示。

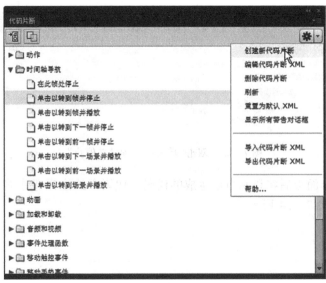

图7-24 动作面板中自动生成的代码

若用 gotoAndStop(1) 命令替换 gotoAndStop(5)，这样点击"btn"按钮就会激发该函数，让 Flash 播放头移动到第一帧。

7.6 代码片断选项

使用代码片断面板，不仅可以快速便捷地添加户型、学习代码，还可以帮助用户或编程小组在某个项目中组织各种常用的代码。以下是代码片断面板中的一些其他选项，可用于保存或与他人分享自己的代码。

7.6.1 创建自己的代码片断

如果自己有常用的 ActionScript 代码，可将其保存到代码片断面板中，以便快捷方便地在其他项目中调用修改代码。

(1)打开代码片断面板，在面板右上角选项菜单中选择"创建新代码片断"，如图7-25所示。

图7-25 创建新代码片断

（2）在打开的"创建新代码片断"对话框中，在"标题"和"说明"文本框内可为新代码片断输入标题和说明，在"代码"框内可输入要保存的 ActionScript 代码。另外，确保勾选了"代码"文本框下方的复选框，其中术语 instance_ name_ here 是实例名称的占位符，点击"确定"按钮。如图 7 - 26 所示。

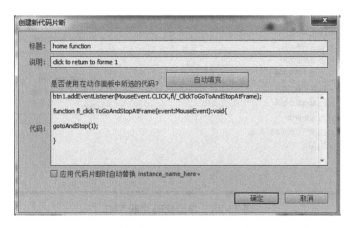

图 7 - 26　设置创建新代码片断相关信息

（3）在代码片断面板中，Flash 将自行保存的代码保存在"自定义"文件夹中，如图 7 - 27 所示。可在代码片断面板中找到已保存的代码，并将其应用于其他项目。

图 7 - 27　"自定义"文件夹保存的代码片断

7.6.2　分享代码片断

在 Flash 中还可以很方便地将自定义代码片断导出或允许其他 Flash 开发人员将其导入到各自的代码片断面板进行分享使用。具体操作如下：

（1）打开代码片断面板，在面板右上角选项菜单中选择"导出代码片断 XML"选项，如图 7 - 28 所示。在"代码片断另存为 XML"对话框中，选择文件名和保存类型，点击"确定"。Flash 将所有代码片断面板中的片断都保存在 XML 文件中，以便分发给项目小组其他成员。

（2）若要导入自定义代码片断，可选择代码片断面板中的"导入代码片断 XML"选项，如图 7 - 29 所示。

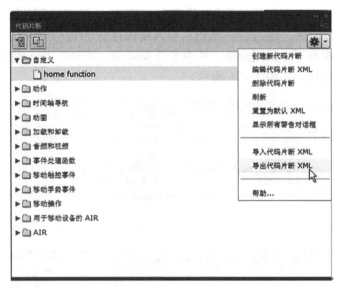

图 7 – 28　导出代码片断 XML

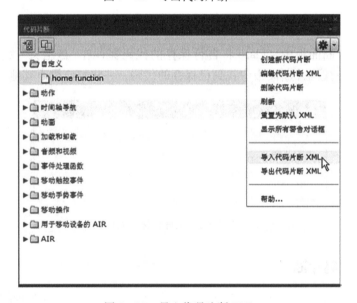

图 7 – 29　导入代码片断 XML

(3)选择包含子代码片断的 XML 文件后，单击"打开"按钮，代码片断面板中就会包含来自 XML 文件的所有片断。

7.7　在目标处播放动画

前面的操作是通过 gotoAndStop( )命令在时间轴的不同关键帧内显示各种信息。如何在单击按钮后播放动画呢？可以使用 gotoAndPlay( )命令，通过该命令的参数将播放头移动至某一帧编号或帧标签处开始播放。

7.7.1 创建补间动画

下面，将为相册创建简单的过渡动画，然后修改 ActionScript 代码，指导 Flash 前往起始关键帧播放该动画。具体操作如下：

（1）新建动画图层，在第 41 帧的位置添加关键帧，将第 1 帧的图片复制并粘贴到第 41 帧。在第 50 帧处创建关键帧，点击相册图片，在属性检查器上修改相册图片的透明属性为 0，为其创建传统补间动画，如图 7 - 30 所示。

(a) 修改相册图片透明属性

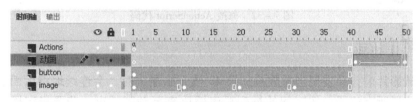

(b) 创建传统补间动画

图 7 - 30　修改图片属性和创建传统补间动画

（2）在第 51 帧处插入空白关键帧，将第 10 帧相册图片复制并粘贴到第 51 帧。在第 60 帧处创建关键帧，修改其相册图片透明属性为 0，为其创建传统补间动画。如图 7 - 31 所示。

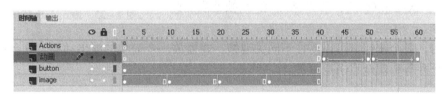

图 7 - 31　创建关键帧和传统补间动画

（3）在第 61、70、71 和 80 帧处分别创建补间动画，完成相册图片逐渐透明的过渡动画制作。

7.7.2 使用 gotoAndPlay 命令

gotoAndPlay 命令可将 Flash 播放头移动到时间轴的某一指定关键帧处，并从该帧处开始播放动画。

（1）选中 action 图层的第一帧，打开动作面板。

（2）如图 7 - 32 所示，在 ActionScript 代码中，将前 4 个 gotoAndStop( ) 命令替换为

gotoAndPlay( )命令，其中的参数保持不变：

gotoAndStop("img1")；改为 gotoAndPlay("img1")；

gotoAndStop("img2")；改为 gotoAndPlay("img2")；

gotoAndStop("img3")；改为 gotoAndPlay("img3")；

gotoAndStop("img4")；改为 gotoAndPlay("img4")；

```
动作
Actions:1                                              ◆  ○ <> ❓
   1    stop();
   2
   3    img1.addEventListener(MouseEvent.CLICK, f1_ClickToGoToAndStopAtFrame_2);
   4
   5    function f1_ClickToGoToAndStopAtFrame_2(event:MouseEvent):void
   6    {
   7        gotoAndStop("img1");
   8
   9    }
   10   img2.addEventListener(MouseEvent.CLICK, f2_ClickToGoToAndStopAtFrame_3);
   11
   12   function f2_ClickToGoToAndStopAtFrame_3(event:MouseEvent):void
   13   {
   14       gotoAndStop("img2");
   15
   16   }
```

图 7 - 32　修改 ActionScript 代码

7.7.3　停止动画

当测试影片时，会发现当播放头从第 40 帧开始播放时，会连续地将后面的动画一起播放，这样所有相册会按时间的排列顺序播放直至动画结束。若要指定播放某段动画，则需要在 ActionScript 代码中添加控制当前时间停止的代码。具体操作如下：

（1）选择 action 图层的第 50 帧，打开动作面板，此时该脚本窗口是空白的。

（2）在脚本窗口中输入"stop( );"，如图 7 - 33 所示，这样动画播放到第 50 帧的位置时会停止。

（3）依次在第 60 帧、第 70 帧、第 80 帧处添加此停止命令。

图 7 - 33　输入 ActionScript 代码

这时，每个按钮都可以前往不同关键帧，并播放一个简单的淡出动画，在动画末尾影片停止并等待观众点击主页键。

小结

本章重点介绍了创建按钮元件的方法，学习了如何制作标准按钮以及动态按钮。通过编写 ActionScript 3.0 脚本以创建非线性导航。利用 Stop、gotoAndStop( )、gotoAndPlay( )命令控制动画的停止、跳转停止和跳转播放等操作。还可以使用代码片断面板快速添加交互性代码，并可对其进行自定义保存以及导入，简化了编程人员的操作。

练习

1. 利用按钮添加脚本制作电子资源中"练习素材 \ 第 7 章 \ 宠物影集展示 \ 宠物影集展示 . swf"效果的动画。

2. 制作电子资源中"练习素材 \ 第 7 章 \ 带控制按钮的幻灯片 \ 带控制按钮的幻灯片 . swf"效果的动画。

8 Flash 中声音的应用

【**知识要点**】
- 掌握声音的导入及应用操作；
- 掌握声音的处理方法。

8.1 声音的导入及应用

声音是多媒体作品中不可或缺的一种媒介手段。在动画设计中，为了追求丰富的、具有感染力的动画效果，恰当地使用声音是十分必要的。优美的背景音乐、动感的按钮音效以及适当的旁白可以更贴切地表达作品的深层内涵，使影片意境表现得更加充分。

8.1.1 声音的类型

在 Flash 中，可以使用多种方法在影片中添加声音，例如给按钮添加声音后，鼠标光标经过按钮或按下按钮时将发出特定的声音。

在 Flash 中有两种类型的声音，即事件声音和流式声音。

1. 事件声音

事件声音在动画被完全下载之前不能持续播放，只有下载结束后才可以播放，并且在没有得到明确的停止指令前，声音会不断地重复播放。当选择了这种声音播放形式后，声音的播放就独立于帧播放，在播放过程中与帧无关。

2. 流式声音

Flash 将流式声音分成小片断，并将每一段声音结合到特定的帧上。对于流式声音，Flash 迫使动画与声音同步，在动画播放过程中只需下载开始的几帧就可以播放。

8.1.2 导入声音

Flash 影片中的声音是通过导入外部的声音文件而得到的。与导入位图的操作一样，执行"文件→导入→导入到舞台"命令，打开"导入到库"对话框，如图 8 - 1 所示。在对话框中选择声音文件，就可以进行声音文件的导入。Flash 可以直接导入 WAV(. wav)、MP3(. mp3)、AIFF(. aif)、MIDI(. mid)等格式的声音文件。

图8-1 "导入到库"对话框

导入的声音文件作为一个独立的元件存放在"库"面板中,单击"库"面板预览窗口右上角的播放按钮"▶",可以对其进行播放预览,如图8-2所示。

图8-2 播放预览

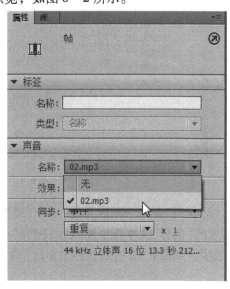

图8-3 选择声音元件

执行"文件→导入→导入到舞台"命令只能将声音导入到元件库中,而不是场景中,所以要使影片具有音效还要将声音导入到场景中。

选择需添加声音的关键帧或空白关键帧,从"库"面板中选择声音元件,按住鼠标左键不放直接将其拖到绘图工作区即可。或者,选择需要添加声音的关键帧或空白关键帧,在"属性"面板中的"名称"下拉列表中选择需要的声音元件,如图8-3所示。

8.1.3　声音的应用

在Flash中，可以使声音和按钮元件的各种状态相关联。当按钮元件关联了声音后，该按钮元件的所有实例中都有声音。

1. 为按钮添加声音

下面介绍一个"有声音按钮"的制作过程，当用鼠标单击该按钮时会发出声音。

（1）新建一个Flash文档，执行"文件→导入→导入到舞台"命令，弹出"导入到库"对话框，在对话框中选择一个声音文件，如图8－4所示。完成后单击"打开"按钮，声音导入到Flash中。

图8－4　选择声音文件

（2）执行"插入→新建元件"命令（或按"Ctrl + F8"），打开"创建新元件"对话框，在对话框的"名称"文本框中输入元件的名称"声音按钮"，在"类型"下拉列表中选择"按钮"选项，如图8－5所示。然后单击"确定"按钮，进入按钮元件编辑区。

图8－5　"创建新元件"对话框

（3）执行"窗口→颜色"命令，打开"颜色"面板，设置填充色为蓝色到白色的线性渐变，如图8-6所示。

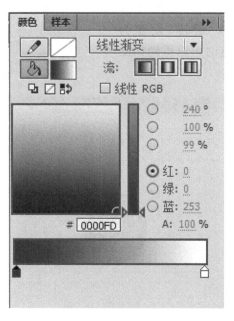

图8-6 "颜色"面板

（4）在工具面板中单击椭圆工具，在按钮编辑状态下的"弹起"帧中绘制一个无边框的圆，如图8-7所示。

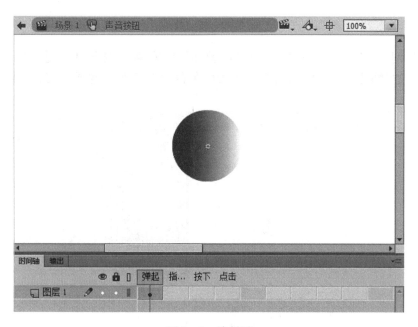

图8-7 绘制圆

（5）复制此圆并将其粘贴到当前位置，然后执行"修改→变形→缩放与旋转"命令，打开"缩放和旋转"对话框，在对话框中将"缩放"设置为 80%，将"旋转"设置为 180°，如图 8 - 8 所示，这时可以得到如图 8 - 9 所示的效果。

图 8 - 8　"缩放和旋转"对话框

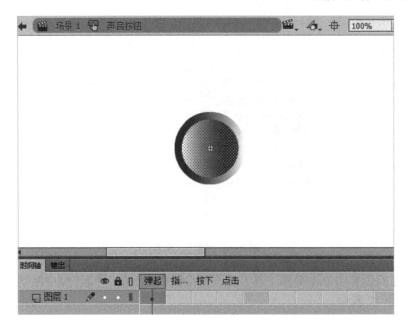

图 8 - 9　按钮效果

（6）分别选择时间轴上的"指针经过"帧和"按下"帧，按下"F6"键，插入关键帧。在"指针经过"帧处，把小圆的填充色改为由黄色到白色的线性渐变填充，如图 8 - 10 所示。

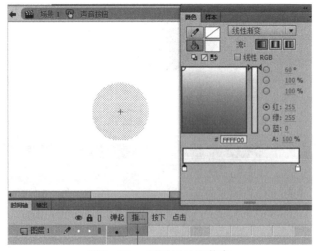

图 8 - 10　"指针经过"状态

(7)在"按下"帧中,将小圆的填充色设置成由紫红色到白色的线性渐变填充,如图 8-11 所示。

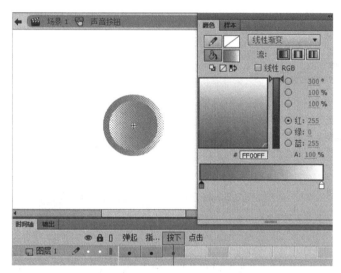

图 8-11   "按下"状态

(8)新建一个图层 2,单击图层 2 中的"指针经过"帧,将它设置为关键帧。在"属性"面板中的"名称"下拉列表中选择刚导入的声音文件,设置声音属性"同步"为"事件",为"指针经过"帧添加声音,如图 8-12 所示。

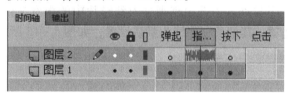

图 8-12   为按钮添加声音

(9)返回到主场景中,将创建的按钮元件从"库"面板拖到舞台中,然后按下"Ctrl + Enter"组合键即可预览影片。

在设计过程中,可以将声音放在一个独立的图层中,这样方便管理不同类型的设计素材资源。

在制作声音按钮时,将音乐文件放在按钮的"按下"帧中,当用鼠标指针单击按钮时会发出声音。当然,也可以设置按钮在其他状态时的声音,只需在对应状态下的帧中拖入声音文件即可。

2. 为主时间轴添加声音

当把声音引入到"库"面板后,就可以将它应用到动画中。

(1)打开一个已经完成了的简单动画,执行"文件→导入→导入到舞台"命令,打开"导入到库"对话框。在该对话框中选择要导入的声音文件,然后单击"确定"按钮,导入声音文件,如图 8-13 所示。

图 8 – 13　"导入到库"对话框

（2）执行"窗口→库"命令，打开"库"面板，此时导入到 Flash 中的声音文件已经在"库"面板中了，如图 8 – 14 所示。

（3）新建一个图层来放置声音，并将该图层命名为"声音"。

（4）在时间轴上选择需要加入声音的帧，这里选择"声音"图层中的第 1 帧，然后在"属性"面板的"名称"下拉列表中选中刚刚导入到影片中的声音文件。在"同步"下拉列表中选择"数据流"选项，其他选项保持为默认设置，如图 8 – 15 所示。

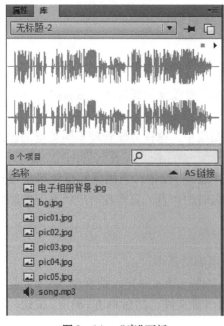

图 8 – 14　"库"面板

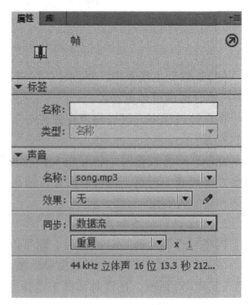

图 8 – 15　声音文件"属性"面板

（5）声音被导入 Flash 后，其时间轴的状态如图 8 – 16 所示，按下"Ctrl + Enter"组合键即可预览动画效果。

图 8 – 16 导入声音的时间轴

8.2 声音的处理

在使用导入的声音文件前，需要对导入的声音进行适当的处理。可以通过"属性"面板、"声音属性"对话框和"编辑封套"对话框来处理声音效果。

8.2.1 声音属性的设置

向 Flash 动画中引入声音文件后，该声音文件首先被放置在"库"面板中，执行下列操作之一都可以打开"声音属性"对话框。

（1）双击"库"面板中的声音文件图标。

（2）在"库"面板中的声音文件图标上单击鼠标右键，在弹出的快捷菜单中选择"属性"命令。

（3）选中"库"面板中的声音文件，单击"库"面板下方的"属性"按钮。

在如图 8 – 17 所示的"声音属性"对话框中，可以对当前声音的压缩方式进行调整，也可以更换导入文件的名称，还可以查看属性信息等。

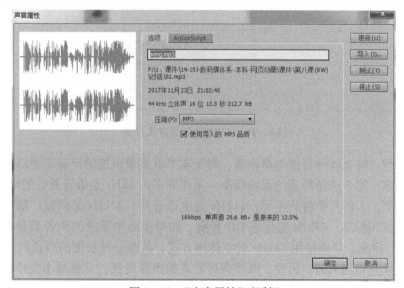

图 8 – 17 "声音属性"对话框

1. 相关按钮

"声音属性"对话框顶部文本框中将显示声音文件的名称，其下方是声音文件的基本信息，左侧是输入的声音波形图，右侧是一些按钮。

（1）更新：对声音的原始文件进行连接更新。

（2）导入：导入新的声音内容。新的声音将在元件库中使用原来的名称并对其进行覆盖。

（3）测试：对目前的声音元件进行播放预览。

（4）停止：停止对声音的预览播放。

2."压缩"选项

在"声音属性"对话框的"压缩"的下拉列表中共有 5 个选项，分别为"默认值""ADPCM（自适应音频脉冲编码）""MP3""Raw"和"语音"，现对各选项的含义做简要说明。

（1）默认值：使用全局压缩设置。

（2）ADPCM：自适应音频脉冲编码方式，用来设置 16 位声音数据的压缩，当导出较短小的事件声音时使用该选项。其中包括了 3 项设置，如图 8 - 18 所示。

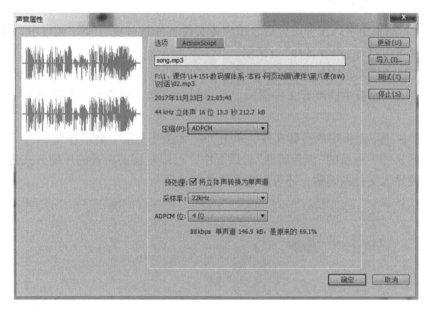

图 8 - 18　ADPCM 压缩方式设置

①预处理：将立体声合成为单声道，对于本来就是单声道的声音不受该选项影响。

②采样率：用于选择声音的采样频率。采样频率为 5kHz 是语音最低的可接受标准，低于这个频率，人的耳朵将听不见；11kHz 是电话音质；22kHz 是调频广播音质，也是 Web 回放的常用标准；44kHz 是标准 CD 音质。如果作品中要求的声音质量很高，要达到 CD 音乐的标准，必须使用 44kHz 的立体声方式，其每分钟长度的声音约占 10M 的磁盘空间，容量是相当大的。因此，既要保持较高的声音质量，又要减小文件的容量，常

规的做法是选择22kHz的音频质量。

③ADPCM位：决定在ADPCM编辑中使用的位数，压缩比越高，声音文件的容量越小，音质越差。在此，系统提供了4个选项，分别为2位、3位、4位和5位，5位的音质最好。

（3）MP3：如果选择了该选项，声音文件会以较小的比特率、较大的压缩比导出，达到近乎完美的CD音质。需要导出较长的流式声音（例如音乐音轨）时，可使用该选项。

（4）Raw：如果选择了该选项，在导出声音的过程中将不进行任何加工，但是可以设置"预处理"中的"将立体声转换为单声道"选项和"采样率"选项，如图8-19所示。

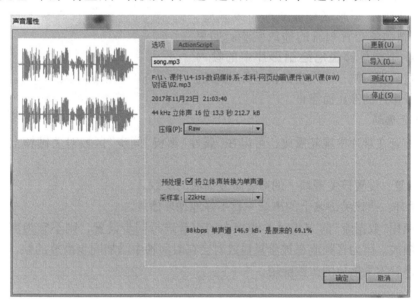

图8-19 Raw压缩方式设置

①预处理：在"位比率"为16kbit/s或更低时，"预处理"的"将立体声转换为单声道"选项显示为灰色，表示不可用，只有在"位比率"高于16kbit/s时该选项才有效。

②采样率：决定由MP3编码器生成的声音的最大比特率。MP3比特率参数只有在选择了MP3编码作为压缩选项时才会显示。在导出音乐时，将比特率设置为16kbit/s或更高将获得最佳效果。

（5）语音：如果选择了该选项，该选项中的"预处理"将始终为灰色，为不可选状态，"采样率"的设置同ADPCM中采频率的设置。

8.2.2 设置事件的同步

通过"属性"面板的"同步"区域，可以为目前所选关键帧中的声音进行播放同步的类型设置，对声音在输出影片中的播放进行控制，如图8-20所示。

1. 同步类型

（1）事件：在声音所在的关键帧开始显示时播放，并独立于时间轴中帧的播放状态，即使影片停止也将继续播放，直至整个声音播放完毕。

（2）开始：和"事件"相似，不同之处在于，如果目前的声音还没有播放完，即使时间轴中已经经过了有声音的其他关键帧，也不会播放新的声音内容。

（3）停止：时间轴播放到该帧后，停止该关键帧中指定的声音，通常在设置有播放跳转的互动影片中才使用。

（4）数据流：选择这种播放同步方式后，Flash 将强制动画与音频流的播放同步。如果 Flash Player 不能足够快地绘制影片中的帧内容，便跳过阻塞的帧，而声音的播放则继续进行，并随着影片的停止而停止。

2. 声音循环

图 8-20　同步类型的设置

想要声音在影片中重复播放，可以在"属性"面板"同步"区域对关键帧上的声音进行设置。

（1）重复：设置该关键帧上的声音重复播放的次数。

（2）循环：使该关键帧上的声音一直不停地循环播放。

如果使用"数据流"的方式对关键帧中的声音进行同步设置，则不宜为声音设置重复或循环播放。因为音频流在被重复播放时会在时间轴中添加同步播放的帧，文件大小就会随着声音重复播放的次数陡增。

8.3　声音的编辑

导入到 Flash 影片中的声音通常都是已经确定好音效的文件，在实际的影片编辑中，经常需要对使用的声音进行播放时间和声音效果的编辑，使其更符合影片动画的要求。

选择时间轴上已经添加了声音的关键帧，在"属性"面板中单击"效果"下拉列表右侧的编辑按钮，打开"编辑封套"对话框，如图 8-21 和图 8-22 所示。

图 8-21　单击编辑按钮

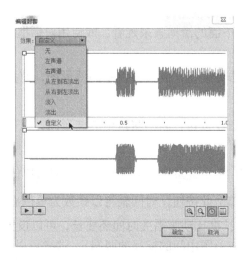

图 8 - 22 "编辑封套"对话框

在"效果"下拉列表中有 7 个选项。

①无:保持声音的原始音效。

②左声道:只使用左声道播放声音。

③右声道:只使用右声道播放声音。

④从左到右淡出:产生从左声道向右声道渐变的音效。

⑤从右到左淡出:产生从右声道向左声道渐变的音效。

⑥淡入:用于制作淡入的音效。

⑦淡出:用于制作淡出的音效。

⑧自定义:当选择了该选项后,将弹出"编辑封套"对话框,让用户对声音进行手动调整。

在"编辑封套"对话框中的"效果"下拉列表中的选项设置效果与在"属性"面板中的"效果"下拉列表中的设置一样,它们是相关联的操作,即修改它们任意一处的设置,另一处的设置也会随之发生改变。

声音文件的左声道和右声道的波形分别显示在"编辑封套"对话框中的上下预览窗口中。除此之外,在窗口中还有一条左侧带有方形控制柄的直线,用来调节音频的音量大小。只要单击上下预览窗口的任意一点,两个预览窗口中的直线上都会增加一个方形的控制柄,另外,也可以拖动方形控制柄来调节声音在不同时间的音量大小。如图 8 - 23 所示。

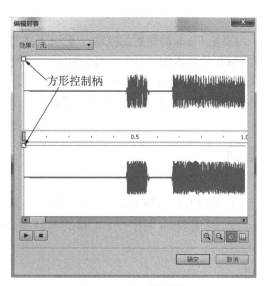

图 8 - 23 方形控制柄

由于"编辑封套"对话框的预览窗口的观看区域有限，较长的声音将无法完全展示，这就需要通过拖动对话框下面的滑动条来观看，或使用对话框下方的放大、缩小工具来调整。

①放大按钮 ：单击此按钮，放大窗口中的波形图，使显示在预览窗口中的内容显示得更加清晰。

②缩小按钮 ：单击此按钮，缩小窗口中的波形图，以便在预览窗口中看到更长时间内的声音波形。

③时间模式按钮 ：单击此按钮，时间轴将以时间为单位显示。

④帧模式按钮 ：单击此按钮，时间轴将以帧数为单位显示。

如果声音播放的时间长度比动画播放时间还要长，可以设置声音的起点与终点位置（这两点位于两个声道的波形图中间的标尺的两端），这样可以缩短声音播放的时间。

选择时间轴上已经添加了声音的关键帧，在"属性"面板中单击"效果"下拉列表右侧的编辑按钮，弹出"编辑封套"对话框。

①用鼠标将起点向右拖动，可缩短声音文件播放的时间，如果向左拖动，则增加声音文件的播放时间。

②用鼠标将终点向左拖动，可以缩短声音文件的播放时间，如果向右拖动，则增加声音文件的播放时间。

③在声音通道顶部的时间线上单击鼠标左键，可以在该位置增加控制手柄，对声音左、右声道在该位置的声音音量分别进行调节，得到如淡入、淡出、忽高忽低等的效果。

小结

要使 Flash 动画更加完善、更引人入胜，只有漂亮的造型、精彩的情节是不够的，为 Flash 动画添加悦耳的声音，除了可以使动画内容更加完整外，还有助于动画主题的表现。本章主要介绍了动画中声音的导入、编辑，希望读者通过本章内容的学习，能了解声音的各种导入格式，掌握声音的导入及处理方法。

练习

1. 在 Flash 中导入一个声音文件，并对其进行编辑，感受不同的声音效果。
2. 利用 Flash 制作一个简单的 MTV 动画。

𝟗 Flash 动画的导出和发布

【知识要点】

- 了解动画可以导出的类型；
- 掌握动画导出的设置；
- 熟悉导出动画、图片、网页等格式的方法。

9.1 动画的导出

9.1.1 使用测试影片命令

由于 Flash 动画影片是以流媒体的方式在互联网上进行边下载边播放的，当动画在下载过程中到达了一个特定的帧，但是该帧所需的数据尚未下载完成时，Flash 动画就会出现暂停的现象。为了预防这种情况发生，应该先测试动画在各帧中的下载速度，找出在播放过程中有可能因为数据容量过大而造成动画影片播放暂停的位置，进行进一步的优化和修改。

打开一个要进行动画影片测试的源文件，选择菜单栏中的"控制→测试"命令，对动画影片进行测试，如图 9－1 所示。

图 9－1　测试动画窗口

9.1.2　输出动画

当 Flash 动画影片或者网站设计制作完成并通过宽带测试以后，就可以对其进行输出。

（1）打开一个需要输出的 Flash 源文件"贺新年"。

（2）选择菜单栏中的"文件→导出→导出影片"命令，如图 9-2 所示。

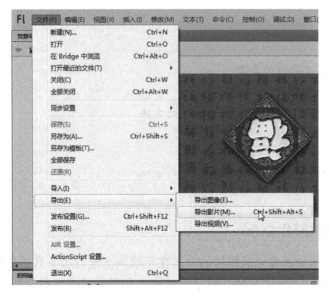

图 9-2　选择导出命令

（3）在弹出的"导出影片"对话框中，修改导出动画文档名称及格式，如图 9-3 所示。

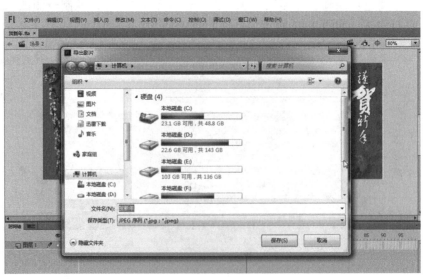

图 9-3　"导出影片"对话框

9.2 图形文件的输出

Flash 文档中当前帧上的对象可导出 JPEG 图像文件。JPEG 格式的图像为高压缩比的 24 位位图，适合显示包含连续色调的图像，但它只能作为静态的或无动画效果的图像导出。若需要导出连续的图形文件，则可以导出 GIF 图像文件格式，如图 9 – 4 所示。

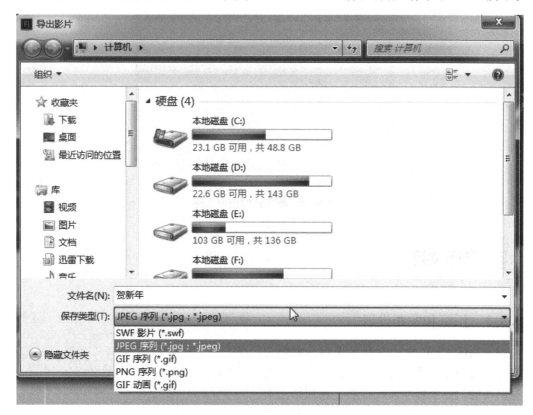

图 9 – 4　设置需要输出图像的格式

9.2.1　输出单一图形文件

输出单一的图形文件只需选择动画中特定的关键帧，在菜单中选择"文件→导出→导出图像"即可。在弹出的对话框的"包含"选项中选择"完整文档大小"，可以将舞台大小的单一图形进行导出，如图 9 – 5 所示。

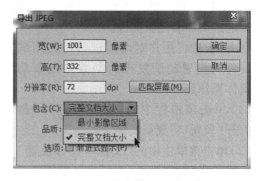

图 9 – 5　输出单一图形文件

9.2.2　输出连续图形文件

点击菜单栏中的"文件→导出→导出影片"命令，在弹出的对话框中选择"保存类型"为"GIF 动画(＊.gif)"并进行相关参数设置即可，如图 9 - 6 所示。

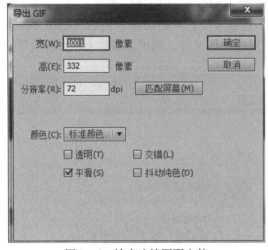

图 9 - 6　输出连续图形文件

9.3　发布动画

9.3.1　预览和发布设置

当测试 Flash 影片运行无误后，就可以将影片发布了。发布是 Flash 影片的一个独特的功能，一个影片被发布后，在网络上有了版权保护，不论浏览者如何操作，都不会出现"下载"选项。默认情况下，Flash 会自动生成 SWF 格式的影片文件，同时也能够生成相应的 HTML 网页文件。

在 Flash 中，用户对动画进行相关测试之后，即可设置动画发布的参数并发布动画。具体操作如下：

（1）单击菜单栏中的"文件→打开"命令，打开"贺新年"素材文件。

（2）单击菜单栏中的"文件→发布设置"命令，将弹出"发布设置"对话框，如图 9 - 7 所示。

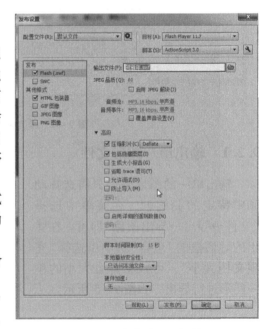

图 9 - 7　"发布设置"对话框

（3）在"格式"选项卡的"类型"选项中，用户可根据需要发布的文件格式设置各项属性。在"文件"文本框中设置各种格式文件的名称。

（4）完成各项设置后，单击"确定"按钮，完成发布设置，然后单击菜单栏中的"文件→发布预览→Flash"命令，可预览发布的文件效果。

9.3.2　发布网页

发布 HTML 动画的目的是将发布的 SWF 文件嵌入到网页中。在 Flash 中，用户可以在"发布设置"对话框的"格式"选项中对其进行设置。具体操作如下：

（1）单击菜单栏中的"文件→打开"命令，打开"贺新年"素材文件。

（2）单击菜单栏中"文件→发布设置"命令，弹出"发布设置"对话框，选中"HTML 包装器"复选框，单击"输出文件"框右侧"选择发布目标"按钮，在弹出的"选择发布目标"对话框中设置要发布的位置和文件名，如图 9－8 所示。

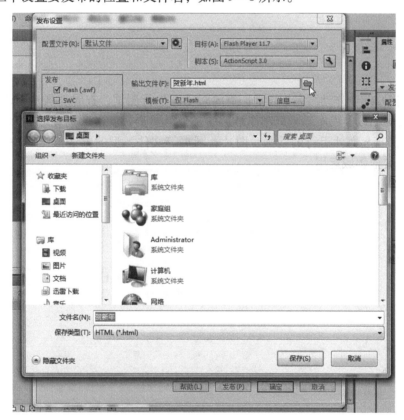

图 9－8　"选择发布目标"对话框

（3）点击"发布"按钮，即可将文件发布为 HTML 文件，如图 9－9 所示。

图 9-9 将文件发布为 HTML 文件

小结

在运用 Flash 制作动画完毕之后，需要对动画进行测试，查看动画是否达到预期的效果。动画导出以及发布是动画制作最后的一个重要步骤。本章主要讲解 Flash 作品如何生成脱离 Flash 文件运行的动画、图片、网页等文件类型的方法，使 Flash 的内容可以更好地在其他领域运用。

10 《羌服情缘》动画制作案例

【知识要点】

- 掌握各种 Flash 工具的使用方法以及关键帧的运用；
- 熟悉 Flash 各种工作面板。

10.1 新建文档

(1)选择"文件→新建"命令，在弹出的"新建文档"对话框中选择"ActionScript 2.0"选项，单击"确定"按钮进入新建文档舞台窗口，如图 10 – 1 所示。

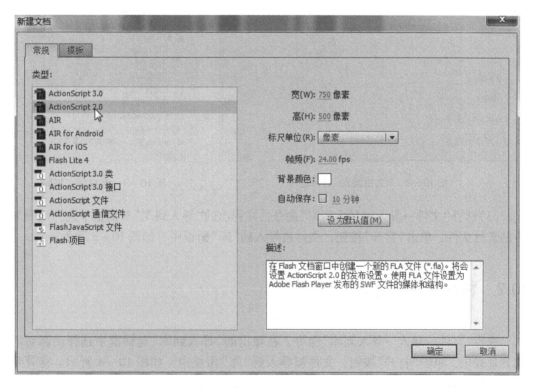

图 10 – 1 新建文档

（2）按"Ctrl + F3"组合键，在 Flash 软件的左侧弹出文档"属性"面板，单击面板中的"编辑文档属性"按钮 🔧，弹出"文档设置"对话框，将"宽度"设为 750，"高度"设为 500，舞台颜色色码设为#FFFFFF，帧频（F）调节为 26.00，并设置 10 分钟自动保存，单击"确定"按钮，改变舞台窗口的大小和颜色，如图 10 - 2 所示。

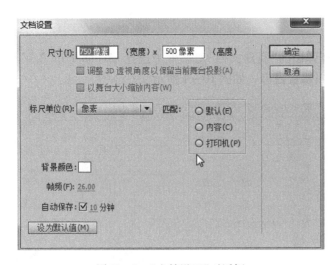

图 10 - 2　"文档设置"对话框

图 10 - 3　素材导入到库

（3）选择"文件→导入→导入到库"命令，在弹出的"导入到库"对话框中选择动画对应的素材文件，单击"打开"按钮，文件被导入到"库"面板中，如图 10 - 3 所示。

10.2　将背景音乐导入

选择"文件→导入→导入到库"命令，在弹出的"导入到库"对话框中选择动画对应的背景音乐，单击"打开"按钮，文件被导入到"库"面板中，如图 10 - 4 所示。将背景音乐放置在时间轴上新建的"背景音乐"的图层上，如图 10 - 5 所示。

图 10-4　声音导入到库

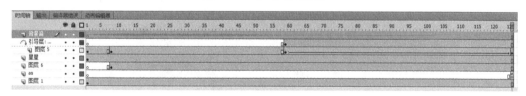

图 10-5　"背景音乐"图层

10.3　开场动画制作效果

（1）将导入到"库"面板里的"开头 -01""星星"两个图片素材分别拉到舞台上，并放置在图层 1、图层 2 中，如图 10-6 所示。

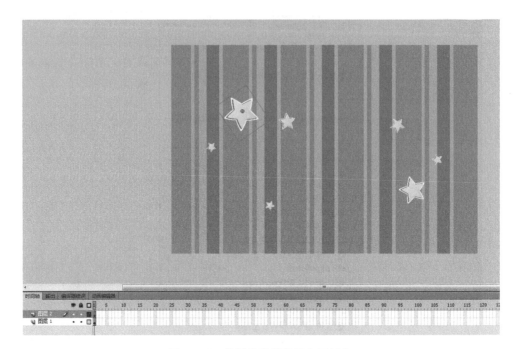

图 10-6 将图片素材放置在图层中

(2)将导入到"库"中的"小精灵"素材创建为影片剪辑元件并命名为"小精灵2(不说话)",单击"确定"按钮,新建影片剪辑元件"小精灵2(不说话)"为小精灵动态元件。利用逐帧的效果,不断调试"小精灵"的手部、脚部的运动、翅膀扑打效果等动态效果,并在其运动过程中,单击鼠标右键选择"创建传统补间",创建传统补间动画,如图10-7所示。

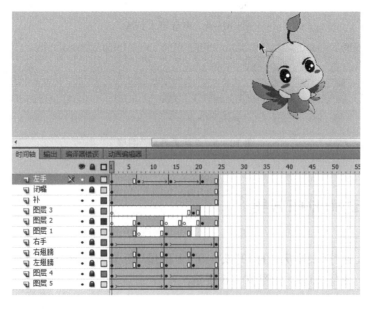

图 10-7 调试动态效果并创建传统补间动画

（3）将"库"面板中的影片剪辑元件"小精灵2（不说话）"拉进舞台新创建的图层5中，在图层5的第8帧中，单击鼠标右键，选择"插入关键帧"，将其影片剪辑元件"小精灵2（不说话）"往上移动到如图10－8所示的位置，再在图层5的第1帧至第8帧中，单击鼠标右键，选择"创建传统补间"，如图10－9所示。

图10－8　插入关键帧并移动元件位置

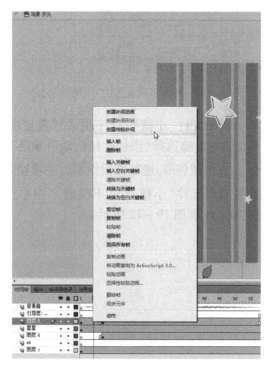

图10－9　创建传统补间动画

（4）将帧延长到第58帧，在第59帧处，单击鼠标右键选择"插入关键帧"，按照步骤（2）的操作，用相同方法制作不同状态下的"小精灵"影片剪辑元件，如图10－10所示。

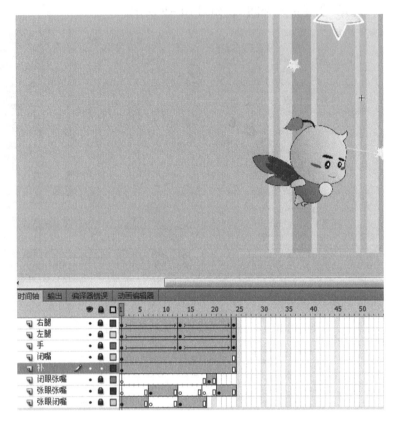

图10－10　制作不同状态的"小精灵"元件

（5）选择"库"中的影片剪辑元件"小精灵1（不说话）"放置在第59帧，并将其延长到第125帧。在图层5单击鼠标右键选择"添加传统运动引导层"，在第59帧处单击鼠标右键选择"插入关键帧"，点击按钮进行曲线绘制，并将帧延长到第125帧。在第59帧和第125帧处，将影片剪辑元件"小精灵1（不说话）"中心点分别对齐其绘制曲线的开始和结束位置，如图10－11和图10－12所示。

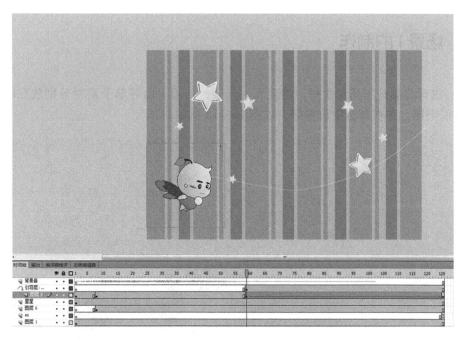

图 10 – 11　第 59 帧

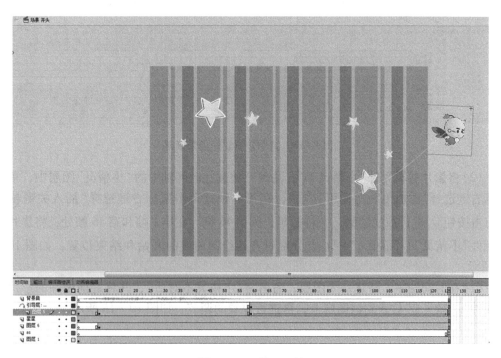

图 10 – 12　第 125 帧

10.4 场景1的制作

(1)选择绘制好的场景素材,将蓝天、云朵、房屋、山等单个素材分别放在时间轴中不同的图层,并在舞台中放置好,如图10-13所示。

图10-13 绘制并放置好场景素材

(2)将影片剪辑元件"小精灵1(不说话)"放置在时间轴中的"小精灵"图层中,单击鼠标右键选择"添加传统运动引导层",在第1帧处单击鼠标右键选择"插入关键帧",再点击按钮 进行曲线绘制,并将帧延长到第46帧。在第1帧和第46帧处,将影片剪辑元件"小精灵1(不说话)"中心点分别对齐其绘制曲线的开始和结束位置,如图10-14所示。

(3)在时间轴中,新建一个图层,命名为"小精灵不对话",并将之前做好的影片剪辑元件"小精灵2"放置到该图层上,再进行位置的调节,如图10-15所示。

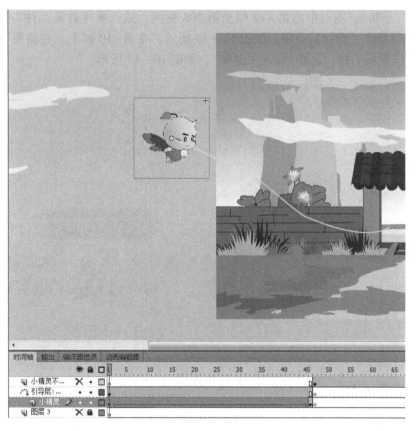

图 10 - 14　元件中心点对齐

图 10 - 15　新建图层并放置元件

（4）在"小精灵"图层中的第 149 帧至第 208 帧间，插入影片剪辑元件"小精灵 2"，按照步骤（2）操作，添加引导层，如图 10 – 16 所示。在第 210 帧上，在图层"小精灵不对话"上点击鼠标右键，选择"插入关键帧"，如图 10 – 17 所示。

图 10 – 16　添加引导层

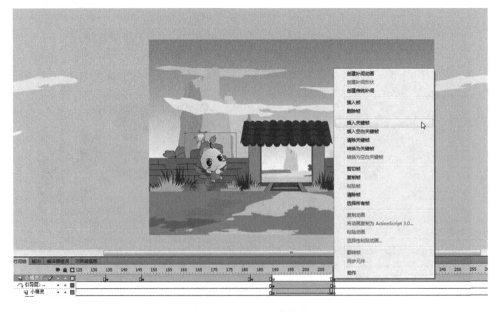

图 10 – 17　插入关键帧

（5）在时间轴中，新建一个图层，命名为"画板"，将导入到"库"中的素材拉进舞台，并在第214帧和第222帧点击鼠标右键插入关键帧，如图10-18所示。在第214帧上，将素材"小精灵开场-画板"属性中"色彩效果"的"样式"选择为"Alpha"并调节数值到0，如图10-19所示。再在第214帧和第222帧间创建传统补间动画，实现画板由无到有的效果，如图10-20所示。

图10-18　新建图层并插入关键帧

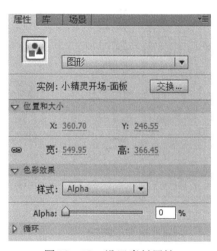

图10-19　设置素材属性

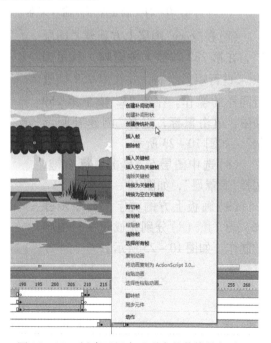

图10-20　创建画板由无到有的传统补间动画

（6）在时间轴中，新建一个图层，命名为"coco"，如图 10 - 21 所示。在第 232 帧，插入关键帧，选择文本工具（**T**）进行文字输入，并在文字属性面板中选择"传统文字""动态文本"，对文字进行设置：系列为方正粗圆简体，大小为 20 点，颜色为#4D3121，如图 10 - 22 所示。

图 10 - 21　新建图层并输入文本

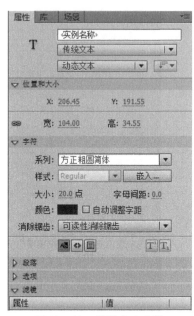

图 10 - 22　设置文本参数

（7）在"coco"图层上方新建"图层5"，在第 232 帧插入关键帧，利用按钮□进行矩形绘制，并在第 259 帧进行同样的操作。在第 232 帧至第 259帧中，单击鼠标，选择"创建补间形状"，如图 10 - 23 所示。

（8）选中图层 5，单击鼠标右键，选择"遮罩层"，如图 10 - 24 所示。

（9）画板上方的文字，按照步骤（6）、（7）、（8）分别完成每一行内容的制作，如图 10 - 25 所示。

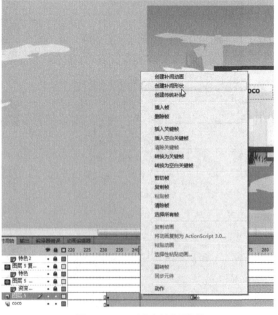

图 10 - 23　创建补间形状

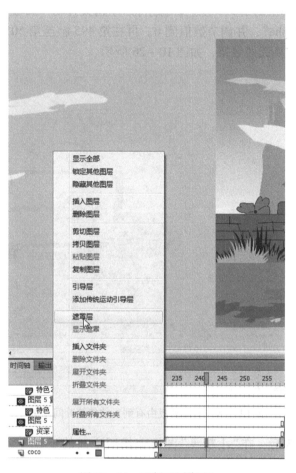

图 10 - 24　选择"遮罩层"

图 10 - 25　完成画板上的文字制作

（10）在"画板"图层的第505帧上，将素材"小精灵开场－画板"属性中"色彩效果"的"样式"选择为"Alpha"，并调节数值到0。再在第495帧至第505帧间创建传统补间动画，实现画板由有到无的效果，如图10－26所示。

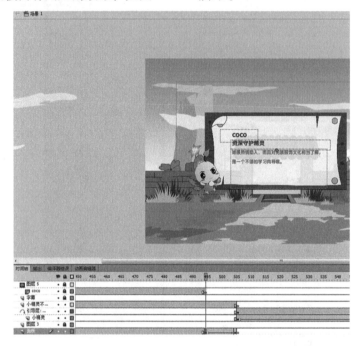

图 10 - 26　创建画板由有到无的传统补间动画

（11）当画板消失后，在"小精灵"图层上按照之前的步骤进行引导层绘制，如图10－27所示。

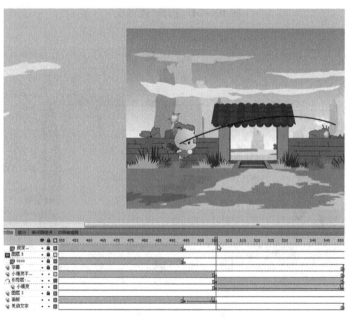

图 10 - 27　添加引导层

（12）选择文本工具，在文本工具的"属性"面板中进行设置，在舞台窗口中适当的位置输入大小为26点、字体为"方正粗圆简体"的白色（#FFFFFF）文字，文字效果如图10-28所示。

图10-28 文字效果

（13）制作委托信。选择文本工具，在文本工具的"属性"面板中进行设置，在舞台窗口中适当的位置输入大小为14点、字体为"方正粗圆简体"的咖啡色（#8A6740）文字，委托信效果如图10-29所示。

图10-29 委托信效果

（14）最后，在"小精灵"图层中按照之前的步骤进行引导层效果设置，如图10-30所示。

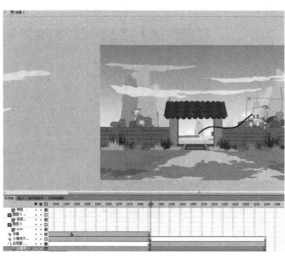

图10-30 设置引导层效果

10.5 场景1-1的制作

(1)在"库"面板里找到场景1-1的素材，分别放在对应的图层当中，并调整素材在舞台的位置，在第1帧中用矩形工具(▭)绘制一个宽为750、高为500的矩形，将其设置为图形元件，颜色为黑色(#000000)，如图10-31所示。

图 10-31 设置矩形元件参数

图 10-32 设置矩形元件属性

(2)在第14帧上，将图形元件"矩形"属性中"色彩效果"的"样式"选择为"Alpha"，并调节数值到0，再在第1帧至第14帧间创建传统补间动画，实现黑屏幕渐变由有到无的效果，如图10-32和图10-33所示。

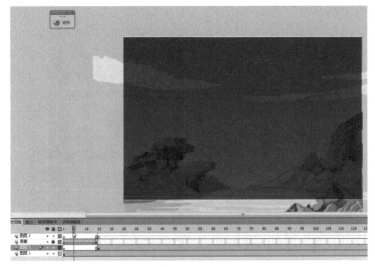

图 10-33 创建黑屏幕渐变由有到无的传统补间动画

（3）选择文本工具，在文本工具的"属性"面板中进行设置，在舞台窗口中适当的位置输入大小为 26 点、字体为"方正粗圆简体"的白色（#FFFFFF）文字，文字效果如图 10-34 所示。

图 10-34　文字效果

10.6　场景 1-2 的制作

（1）在"库"面板里找到场景 1-2 的素材，分别放在对应的图层当中，并调整素材在舞台的位置，如图 10-35 所示。在第 1 帧中用矩形工具绘制一个宽为 750、高为 500 的矩形，将其设置为图形元件，颜色为黑色（#000000）。

图 10-35　放置场景 1-2 的素材

（2）选择文本工具，在文本工具的"属性"面板中进行设置，在舞台窗口中适当的位置输入大小为 26 点、字体为"方正粗圆简体"的白色（#FFFFFF）文字，文字效果如图 10-36 所示。

图 10-36　文字效果

10.7 场景1-3的制作

（1）选择"插入→新建元件"，在弹出的"创建新元件"对话框中选择"影片剪辑"类型，命名为"场景1-3"，如图10-37所示。在"库"面板里找到场景1-3里的素材，将"天空""中云""左云""山""大云"几个素材分别放在对应的图层当中，对场景1-3中的三个单独的云朵素材分别创建传统补间动画，并调整素材在舞台的位置，如图10-38所示。

图10-37 创建"场景1-3"元件

图10-38 调整素材位置和创建传统补间动画

（2）在"库"面板里，找到影片剪辑"场景1－3"元件，放入时间轴"图层10"中，如图10－39所示；将背景以由小逐渐变大的形式拉伸，并在179帧处插入关键帧，进行设置，在第1帧至179帧之间，单击鼠标右键选择"创建传统补间"，如图10－40所示。

图10－39　将"场景1－3"元件放入图层中

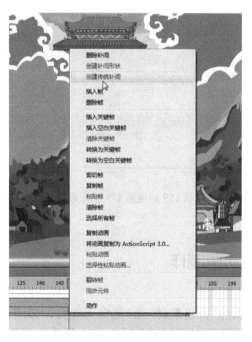

图10－40　在第1帧至179帧之间创建传统补间动画

（3）选择文本工具，在文本工具的"属性"面板中进行设置，在舞台窗口中适当的位置输入大小为26点、字体为"方正粗圆简体"的白色（#FFFFFF）文字，文字效果如图10－41所示。

图10－41　文字效果

（4）给场景1－3添加过渡效果。在第159帧和第179帧分别插入关键帧，在第179帧，将影片剪辑元件"场景1－3"属性中"色彩效果"的"样式"选择为"Alpha"，并调节数值到0，再在第159帧至第179帧间创建传统补间动画，实现画板由有到无的效果，如图10－42所示。

图10－42　在第159帧至第179帧间创建传统补间动画

10.8　"开始教学"动画制作

（1）选择场景"开始教学"，将素材"光"拖曳到舞台，如图10－43所示。右键选择"创建新元件"，并将类型设置为"影片剪辑"，进入到元件里面对素材进行旋转，并创建传统补间动画。

图 10 – 43   素材"光"效果

（2）将开始教学场景的相关素材拖曳到舞台上，如图 10 – 44 所示。选中"开始教学"按钮，按"F9"快捷键添加代码，如图 10 – 45 所示。

图 10 – 44   将开始教学场景相关素材放置于舞台

图 10-45　添加"开始教学"按钮代码

(3)选择"跳过"按钮,按"F9"键添加关键帧代码,如图 10-46 所示.

图 10-46　添加"跳过"按钮关键帧代码

（4）进入场景"教学1"，将相关素材一一转换为影片剪辑元件，并放置到新图层里，如图10-47所示。

图10-47　素材转换为"影片剪辑"元件并放入图层

（5）将舞台上元件的不透明度设置为0，有些元素利用位置的变化来实现效果，并通过创建传统补间动画把各个元件一一显示出来，效果如图10-48所示。

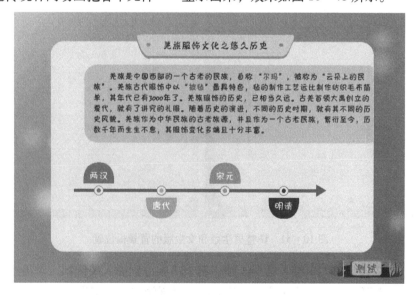

图10-48　舞台中各元件显现效果

（6）分别对四个按钮添加动作命令，从而实现跳转效果，如图10-49所示。

图10-49　对四个按钮添加动作命令

（7）在第69帧、第75帧按"F6"键分别插入关键帧，对素材的位置和显示方式进行适当的调整，如图10-50所示。

（8）在第80帧、第90帧、第125帧、第135帧分别插入关键帧，对男生版和女生版的背景板进行位置的调整，如图10-51所示。

图10-50　调整素材位置和显示方式

图10-51　调整男生版和女生版的背景板位置

（9）在第97帧、第113帧、第144帧、第157帧分别插入关键帧，对男生版和女生版背景板上的文字进行遮罩效果设置，从而使文字逐渐出现，如图10-52所示。

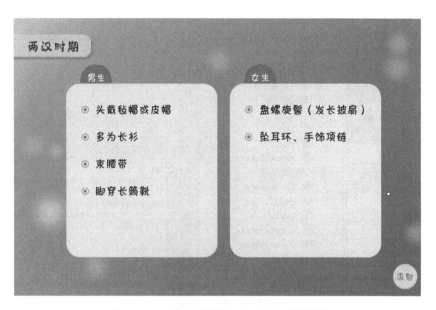

图 10-52　设置背景板上文字的遮罩效果

（10）为"返回"按钮添加动作命令，实现跳转效果，如图 10-53 所示。

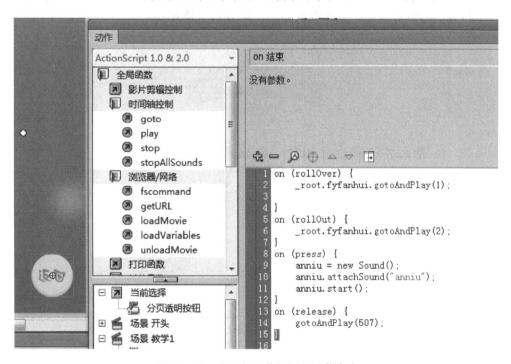

图 10-53　为"返回"按钮添加动作命令

（11）为右下角"测试"按钮添加动作命令，实现跳转进入测试界面，如图 10-54 所示。

图 10 - 54　为右下角"测试"按钮添加动作命令

（12）点击"测试"按钮，进入测试界面，如图 10 - 55 所示。

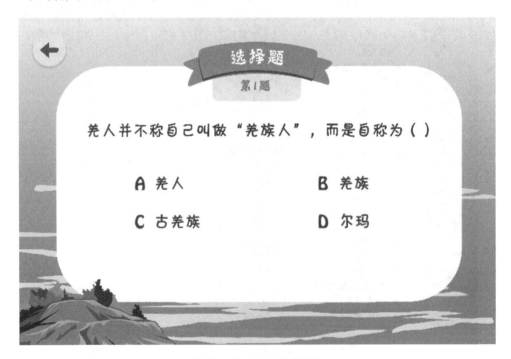

图 10 - 55　进入测试界面

（13）针对三个题目的四个选项，对其中三个错误选项添加"错误"的动作，如图
10－56所示；同时，对"交叉"元件添加动作命令（快捷键"F9"），如图10－57所示。

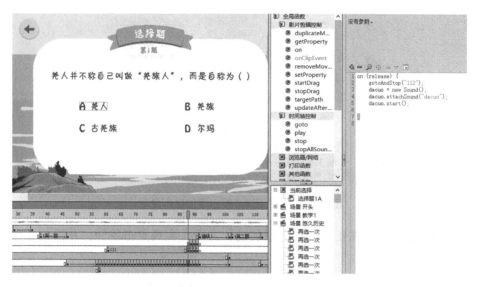

图 10－56　添加选项"错误"的动作命令

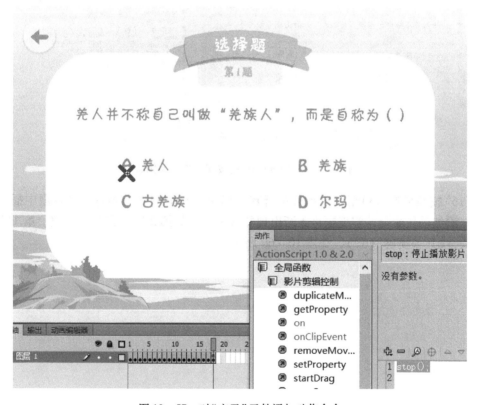

图 10－57　对"交叉"元件添加动作命令

（14）每当选择的选项是错误项时，界面右下角出现"回看"按钮，在按钮中添加动作命令，如图10-58所示。

图10-58 对"回看"按钮添加动作命令

（15）四个选项中，在正确选项上添加动作命令，实现点击跳转，并播放相应按键声音，如图10-59所示。

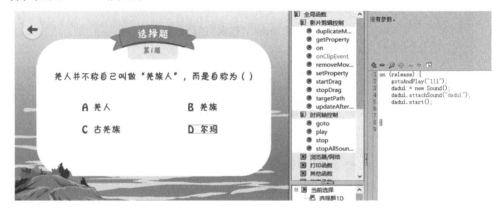

图10-59 在正确选项的按钮上添加动作命令

（16）按照步骤（13）至（15）操作进行其他两个题目的制作。同时，在各题中插入关键帧并添加动作命令，实现题目逐渐出现的效果，例如第2题，在第103帧、第113帧插入关键帧（快捷键"F6"），如图10-60所示。

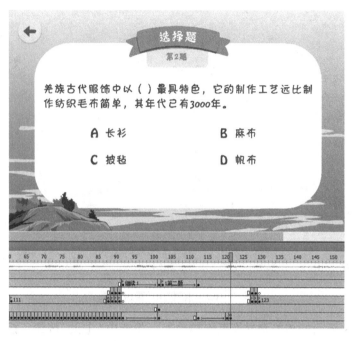

图 10 - 60　插入关键帧实现题目逐渐出现的效果

（17）在第 224 帧插入关键帧，添加动作命令，当第 3 题回答正确时，自动跳转到通关成功界面，如图 10 - 61 所示。

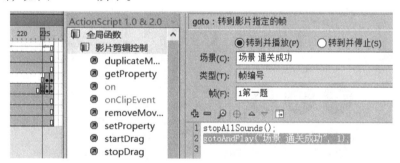

图 10 - 61　添加自动跳转到通关成功界面的动作命令

（18）选择场景"通关成功"，将素材"光"拖曳到舞台，右键选择"创建新元件"，并将类型设置为"影片剪辑"，进入到元件里面对素材进行旋转，并创建传统补间动画，如图10 - 62所示。

图 10 – 62   素材"光"舞台效果

(19)将通关界面的相关素材拖曳到舞台上，并选中"主页"按钮，按"F9"快捷键添加动作代码，如图 10 – 63 所示。

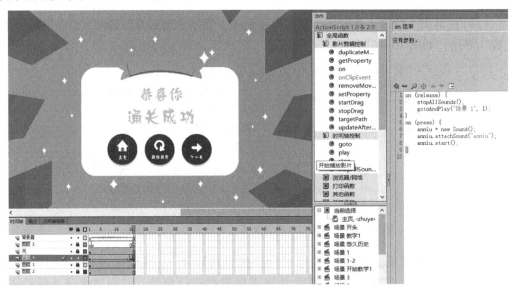

图 10 – 63   添加"主页"按钮动作代码

(20)选中"再接再厉"按钮，按"F9"快捷键添加动作代码，如图 10 – 64 所示。

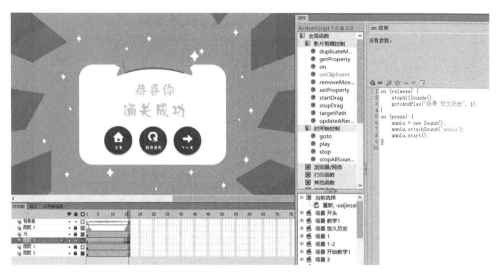

图10-64　添加"再接再厉"按钮动作代码

（21）选中"下一关"按钮，按"F9"快捷键添加动作代码，如图10-65所示。

图10-65　添加"下一关"按钮动作代码

10.9　场景2的制作

（1）选择"文件→导入→导入到库"命令，在弹出的"导入到库"对话框中将全部文件素材导入到库，如图10-66所示。

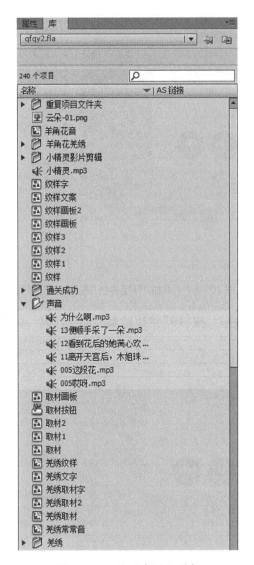

图 10 - 66　将元素导入到库

　　(2)将"木姐珠"元件拖曳到舞台，按"F6"键复制关键帧，在两个关键帧之间右键选择"创建传统补间"，并添加引导层，用钢笔工具绘制曲线；将背景素材、"木姐珠"元件状态来回切换放置到舞台上，效果如图 10 - 67 所示。

图 10-67 舞台上添加"木姐珠"元件及背景素材并做调整

(3)将"木姐珠"元件移动到如图 10-68 所示位置,换成"有云朵的木姐珠"元件。

图 10-68 移动并替换"木姐珠"元件

（4）在第338帧、第413帧分别插入关键帧，将"星星"元件放置在舞台中，并利用钢笔工具进行曲线绘制，添加引导层，如图10-69所示。

图10-69　将"星星"元件加到舞台并添加引导层

（5）将素材"小精灵"拖曳到舞台中，并右键选择"添加传统运动引导层"，调整不透明度的值，效果如图10-70所示。

图10-70　将"小精灵"元件拖至舞台中并添加引导层

（6）在"小精灵"元件上添加动作命令，实现跳转并播放场景动画，同时播放声音，如图 10－71 所示。

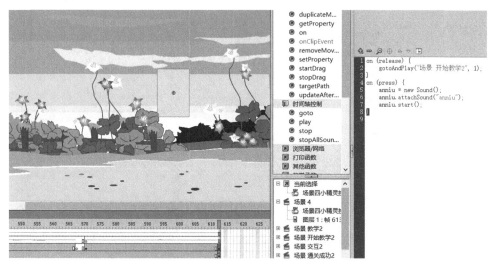

图 10－71　对"小精灵"元件添加动作命令

（7）按照上面"开始教学"动画的操作步骤和方法进行制作，如图 10－72 所示。

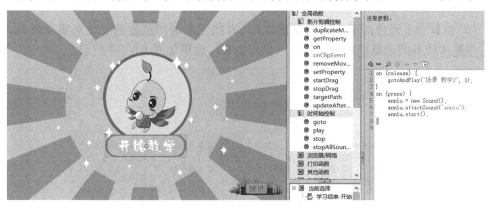

图 10－72　制作"开始教学"动画

（8）选择场景交互的素材，将素材拖曳到舞台，如图 10－73 所示。

图 10 - 73　添加场景交互素材

（9）将舞台上元件的不透明度设置为 0，有些元素利用位置的变化来实现效果，并通过创建传统补间动画把各个元件一一显示出来，效果如图 10 - 74 所示。

图 10 - 74　各元件显现效果

（10）在"服饰纹样"字样上添加动作，实现鼠标移入按钮跳转至舞台"纹样"页面，鼠标移开停留在"纹样"第7帧，鼠标释放状态实现跳转到服饰纹样的介绍页面，并且播放相应声音，如图10-75所示。

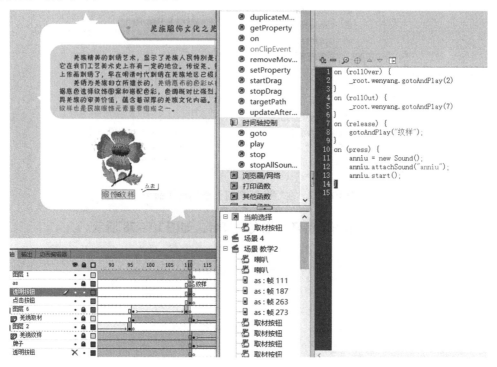

图10-75 在"服饰纹样"字样上添加动作

（11）在"返回"按钮上添加动作命令，实现画面跳转，如图10-76所示。

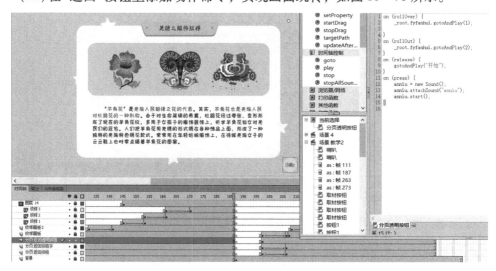

图10-76 在"返回"按钮上添加动作命令

（12）在"测试"按钮上添加动作命令，实现画面跳转，如图 10 – 77 所示。

图 10 – 77 在"测试"按钮上添加动作命令

（13）选择场景交互的素材，将素材拖曳到舞台，如图 10 – 78 所示。

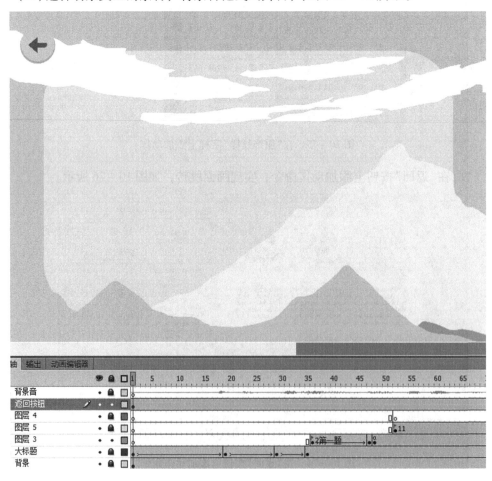

图 10 – 78 将场景交互素材拖至舞台

（14）将舞台上元件的不透明度设置为0，有些元素利用位置的变化来实现效果，并通过创建传统补间动画把各个元件一一显示出来，效果如图10-79所示。

（15）在选项 A、B、C 中，添加动作命令，提示回答错误，如图10-80所示。对正确的选项 D 添加动作，跳转到下一题，如图10-81所示。

图 10-79　各元件显现效果

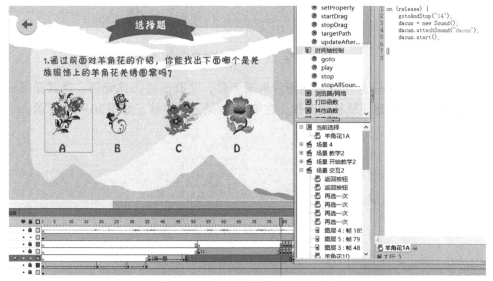

图 10-80　添加错误选项动作命令

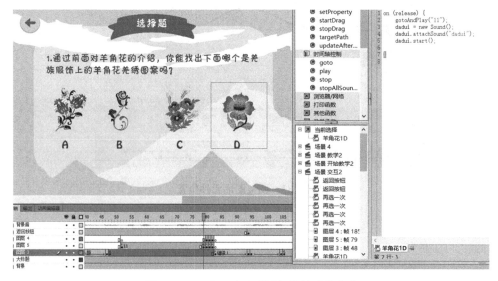

图 10-81　为正确选项添加跳转动作命令

（16）选中图中左下角的正方形图片，对其添加动作命令，实现跳转帧，如图 10 - 82 所示。

图 10 - 82　添加跳转帧动作命令

（17）给图中左下角的图片新建影片剪辑元件，并双击进入该元件，对其图形元件进行位置调整，并创建传统补间动画，在第 56 帧插入关键帧，如图 10 - 83 所示。

图 10 - 83　调整图形元件位置

（18）在第144帧插入关键帧，在该帧上添加动作命令，实现界面跳转，如图10－84所示。

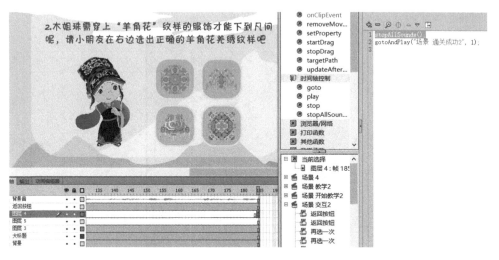

图10－84　在第144帧插入关键帧并添加动作命令

（19）跳转到"通关成功"界面，按之前操作对"主页""再接再厉""下一关"三个按钮添加动作命令，如图10－85所示。这里要注意"下一关"按钮的"loadMovieNum"命令所对应的跳转对象不同。

图10－85　为"通关成功"界面三个按钮添加动作命令

10.10　场景3的制作

（1）选择"文件→导入→导入到库"命令，在弹出的"导入到库"对话框中选择全部文件素材导入到库，如图10－86所示。

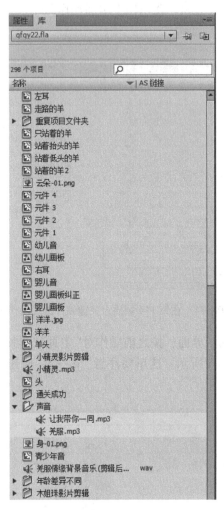

图10-86　将文件素材导入到库

（2）将场景3的背景如同之前对场景1、场景2背景的操作一样，分开放在不同图层中，并在时间轴中新建一个"木姐珠"的图层，用钢笔工具进行引导层的绘制，如图10-87所示。

（3）在时间轴新建一个"黑幕"图层，利用矩形工具对其绘制黑色的矩形，并在第154帧和第174帧分别插入关键帧，在第154帧中，将图形元件"矩形"属性中

图10-87　绘制引导层路径

"色彩效果"的"样式"选择为"Alpha"，并调节数值到 0，再在第 154 帧和第 174 帧间创建传统补间动画，实现黑屏幕渐变由无到有的效果，如图 10-88 所示。

图 10-88　黑屏幕渐变由无到有的效果

（4）在时间轴中新建一个"as"图层，在第 174 帧上添加动作命令，实现场景的跳转，如图 10-89 所示。

图 10-89　在第 174 帧添加场景跳转动作命令

(5)将"山洞中的小孩"背景素材拖拉到舞台上，跟之前的操作步骤一样，放置在时间轴上不同的图层当中，如图 10 – 90 所示。

图 10 – 90　添加"山洞中的小孩"背景素材

(6)对山洞中蜡烛的光添加"动画补间"效果，如图 10 – 91 所示。

图 10 – 91　对蜡烛的光添加"动画补间"效果

(7)对山洞外的"绵羊"添加引导层，在"引导层"图层中，利用钢笔工具进行曲线绘制，如图 10 – 92 所示。

图 10 - 92 对"绵羊"添加引导层

（8）在时间轴中新建一个"as"图层，在第 121 帧添加动作命令，等时间轴滑块运动到第 121 帧的时候，自动跳转到下一个场景中，如图 10 - 93 所示。

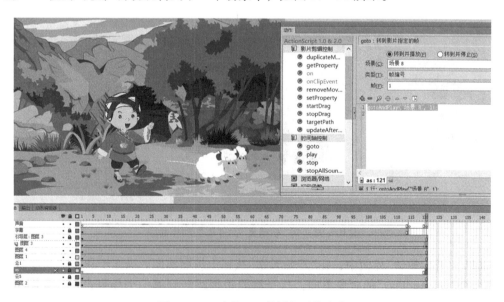

图 10 - 93 在第 121 帧添加动作命令

（9）对于场景中的"小精灵"，参照前面的操作步骤，对其添加引导层实现运动效果，如图 10 - 94 所示。

图10-94 场景中"小精灵"的动态效果

（10）选择"小精灵"元件，对其添加动作命令，实现进入开始教学界面，如图10-95所示。

图10-95 对"小精灵"元件添加动作命令

（11）"开始教学"界面中，在"开始教学"按钮上按照前面的操作步骤添加动作命令，注意命令"gotoAndPlay"的对象不同，这个需要根据跳转到哪一个场景来定，如图10-96所示。

图 10 – 96　在"开始教学"按钮上添加动作命令

（12）年龄差异界面的设置与上面文化差异、纹样介绍界面的操作一样，效果如图 10 – 97 和图 10 – 98 所示。

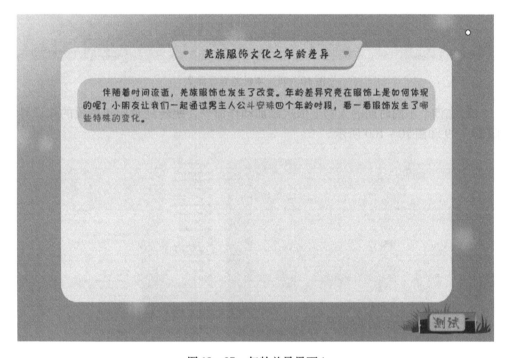

图 10 – 97　年龄差异界面 1

图10-98　年龄差异界面2

（13）在四个不同时期的人物上依次添加动作命令，跳转到对应年龄段的知识界面，如图10-99和图10-100所示。

图10-99　在人物上添加动作命令

図 10 - 100 　婴儿期界面

（14）选中"返回"按钮，为其添加动作命令，如图 10 - 101 所示。

⑦ setProperty	1	on (rollOver) {
⑦ startDrag	2	_root.fyfanhui.gotoAndPlay(1);
⑦ stopDrag	3	}
⑦ targetPath	4	
⑦ updateAfter...	5	on (rollOut) {
▤ 时间轴控制	6	_root.fyfanhui.gotoAndPlay(2);
⑦ goto	7	}
⑦ play	8	on (release) {
⑦ stop	9	gotoAndPlay("开始3");
⑦ stopAllSoun...	10	
	11	}
▤ 浏览器/网络	12	on (press) {
▤ ⑦ 当前选择	13	anniu = new Sound();
🖰 分页透明按钮	14	anniu.attachSound("anniu");
⊞ 🎬 场景 06	15	anniu.start();
	16	
	17	

图 10 - 101 　为"返回"按钮添加动作命令

（15）对"测试"按钮添加动作命令，实现跳转到测试界面，如图 10 - 102 和图 10 - 103 所示。

图 10 – 102　对"测试"按钮添加动作命令

图 10 – 103　选择题界面

（16）在选项中，设置正确和错误选项，分别添加动作命令，当选择的选项正确时候，画面自动跳转到下一题；反之，则右下角出现"回看"按钮，如图 10 – 104 和图 10 – 105 所示。

图 10 – 104　为正确选项添加动作命令

图 10 – 105　为错误选项添加动作命令

（17）在"回看"按钮上添加动作命令，实现界面跳转，返回重新学习前面的知识，如图 10 – 106 所示。

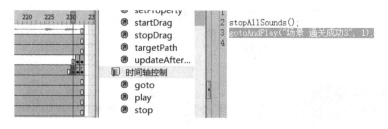

图 10 – 106　在"回看"按钮上添加动作命令

（18）这个测试设置了三道题目，当三道题目都回答正确后，在第 231 帧插入关键帧并添加动作命令，实现画面跳转，如图 10 – 107 所示。

图 10 – 107　在第 231 帧插入关键帧并添加画面跳转动作命令

（19）对"通关成功"界面的三个按钮添加动作命令，其中"下一关"按钮的动作代码如图 10 – 108 所示。

图 10 - 108　"下一关"按钮动作代码

10.11　场景 4 的制作

（1）新建场景，选择"文件→导入→导入到库"命令，在弹出的"导入到库"对话框中选择动画对应的素材文件，单击"打开"按钮，文件被导入到"库"面板中。

（2）参考前面的操作步骤设置场景 4 的背景，对"木姐珠"元件利用添加引导层来实现"木姐珠"的运动，如图 10 - 109 和图 10 - 110 所示。

图 10 - 109　设置场景 4 背景和"木姐珠"元件引导层

图 10 – 110 "木姐珠"引导层效果

（3）转换场景后，选择场景 10，将素材拖曳到舞台上，如图 10 – 111 所示。在对应的帧上，将元件"木姐珠"切换为"木姐珠 2"，利用将"云朵"元件属性中的样式 Alpha 数值设置为 0，让云朵消失，实现木姐珠状态切换，如图 10 – 112 所示。

图 10 – 111 转换至场景 10

图 10 – 112　切换木姐珠状态

（4）将"太阳"元素新建成影片剪辑元件，在第 1 帧、第 3 帧、第 9 帧、第 15 帧、第 21 帧、第 30 帧、第 38 帧、第 48 帧、第 69 帧分别插入关键帧，调节太阳的大小、位置，实现太阳的运动效果，如图 10 – 113 所示。

图 10 – 113　太阳运动效果设置

（5）选择场景8，将素材拖曳到舞台上，如图10－114所示。在对应的帧上，将元件"斗安珠"切换为"斗安珠侧面"，利用添加引导层实现斗安珠走路效果，如图10－115和图10－116所示。

图10－114　场景8设置

图10－115　将元件"斗安珠"切换为"斗安珠侧面"

图 10 – 116　添加引导层实现斗安珠走路效果

（6）斗安珠从场景 8 运动到场景 10，仍然是按照添加引导层来实现运动轨迹，如图 10 – 117 所示。在场景 10 中间，实现斗安珠人物形象变换，如图 10 – 118 所示。

图 10 – 117　斗安珠从场景 8 运动到场景 10

图 10 - 118　实现斗安珠人物形象变换

（7）场景 10 转变到场景 14，利用将场景属性中的样式 Alpha 数值调节到 0，再在帧频间创建传统补间动画，实现两个场景的切换，如图 10 - 119 和图 10 - 120 所示。

图 10 - 119　场景 10 画面

图 10 – 120　场景 14 画面

（8）参考前面步骤，采用场景黑屏过渡效果，在黑屏中打上文字，如图 10 – 121 所示。

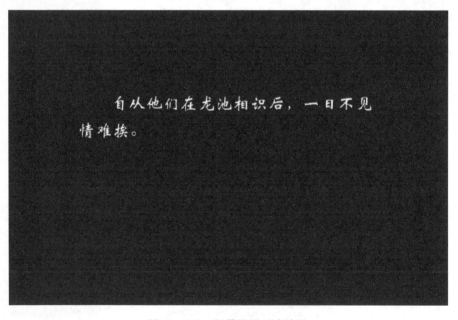

图 10 – 121　场景黑屏过渡效果

（9）场景在同一画面进行切换，操作步骤跟（7）一样，利用将场景属性中的样式 Alpha 数值调节到 0，再在帧频间创建传统补间动画，实现两个场景的切换，如图 10 - 122 和图 10 - 123 所示。

图 10 - 122　切换场景前

图 10 - 123　切换场景后

（10）当场景中木姐珠对话完后，会转换到交互场景，如图 10 - 124 所示。

图 10 - 124　转换到交互场景

（11）交互界面弹出后，在右下角会出现"收下"按钮，在按钮上添加动作命令，如图10 - 125 所示；点击按钮后，画面会由大变小，跳转回场景界面，如图 10 - 126 所示。

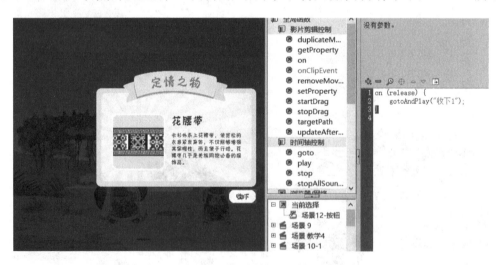

图 10 - 125　在"收下"按钮上添加动作命令

图 10 – 126　由交互界面跳转回场景界面

（12）画面回到场景中，在斗安珠对话（如图 10 – 127 所示）完后，跟前面步骤一样，有交互界面弹出，对交互界面中的"收下"按钮添加作命令，图 10 – 128 所示。

随后，斗安珠也拿出裹肚送给木姐珠

图 10 – 127　斗安珠对话

图 10 – 128　对"收下"按钮添加动作命令

（13）在两个交互界面完成后，从石头后面会飞出小精灵（如图 10 – 129 所示），小精灵的运动效果设置参照前面同类的操作步骤。

图 10 – 129　交互界面完成后飞出小精灵效果

（14）当小精灵闪烁的时候，在其上面添加动作命令，实现跳转至开始教学界面，并播放声音，如图 10 – 130 所示。

图 10 – 130　添加小精灵闪烁动作命令

（15）交互中涉及的"开始教学"场景设置步骤及效果与前面基本一样，但要注意跳转到对应的帧上，如图 10 – 131 所示。

图 10 – 131　"开始教学"场景设置

（16）点击"开始教学"进入服饰品界面的操作步骤与前面基本一样，利用"插入关键帧""创建传统补间"等操作达成效果，如图 10 – 132 所示。

图 10 – 132　服饰品界面

（17）给界面上的六个按钮分别添加动作命令，实现界面跳转，如图 10 – 133 所示。

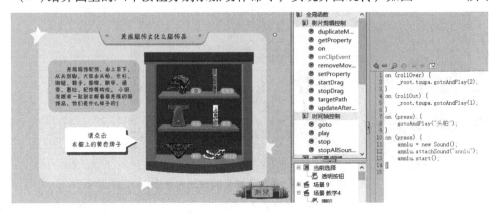

图 10 – 133　给六个按钮分别添加动作命令

（18）点击"头帕"进入界面后，在右下角有一个"返回"按钮，对其添加动作命令，实现跳转返回服饰品界面，如图 10 – 134 所示。

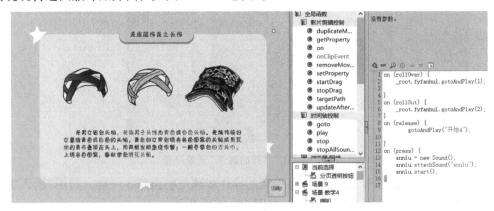

图 10 – 134　对"返回"按钮添加动作命令

（19）给界面上的"测试"按钮添加动作命令，如图 10 – 135 所示。

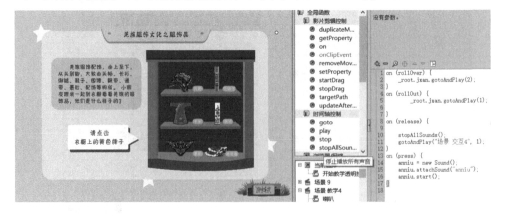

图 10 – 135　给"测试"按钮添加动作命令

（20）点击"测试"按钮后，进入测试界面，在界面上添加透明按钮，如图 10 – 136 所示。

图 10 – 136　添加透明按钮

（21）在选项中，每一个都要添加动作命令，对正确的选项添加"dadui"命令，错误的选项添加"dacuo"命令，如图 10 – 137 和图 10 – 138 所示。

图 10 – 137　对正确选项添加动作命令

图 10 – 138　对错误选项添加动作命令

（22）新建两个影片剪辑元件"dacuo""dadui"，利用逐帧显示打钩或者打叉的效果（图10－139和图10－140），分别拖曳到第18和第26帧，将所有帧转换为关键帧，并在最后一帧添加动作命令"stop"。

图10－139　打钩效果

图10－140　打叉效果

（23）当回答正确的时候，画面跳转到"通关成功"界面，相关按钮添加的动作的设置和前面"通关成功"界面的按钮动作设置基本相同。

10.12 场景5的制作

（1）选择"文件→新建"命令，在弹出的"新建文档"对话框中选择"ActionScript 2.0"选项，单击"确定"按钮，进入新建文档舞台窗口。按"Ctrl + F3"组合键，在弹出的"属性"面板中点击"编辑文档属性"按钮，弹出"文档设置"对话框，将"宽度"选项设为750，"高度"选项设为500，单击"确定"按钮，改变舞台窗口的大小。

（2）选择"文件→导入→导入到库"命令，在弹出的"导入到库"对话框中选择全部文件素材导入到库。

（3）在"库"面板下方单击新建元件按钮，弹出"创建新元件"对话框，在"名称"文本框中输入"成年的斗安珠1"，在"类型"下拉列表中选择"影片剪辑"，单击"确定"按钮，新建影片剪辑元件"成年的斗安珠2（不说话）"。用相同方法制作影片剪辑元件"成年的斗安珠2""羌族木姐珠1（不说话）""羌族木姐珠2""走路的斗安珠"等。

（4）将"走路的斗安珠"拖曳到舞台，按"F6"键复制关键帧，在两个关键帧之间右键选择"创建传统补间"，创建传统补间动画，如图10 – 141所示。同时，将背景素材、木姐珠和斗安珠的多个元件状态来回切换放置到舞台上，如图10 – 142所示。

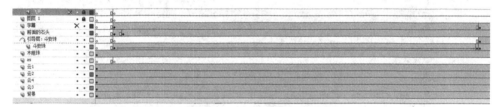

图10 – 141　创建传统补间动画

图10 – 142　将背景素材和元件放置到舞台上

(5)新建图层并将其命名为"云",选中该图层的第775帧,按"F7"键插入空白关键帧,如图10-143所示。将"库"面板中的云素材拖拽到舞台窗口中适当的位置,调整该元件的不透明度为0,并创建传统补间动画,效果如图10-144所示。

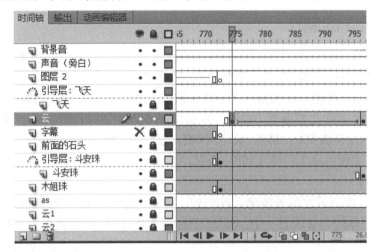

图 10-143　在第775帧插入空白关键帧

图 10-144　添加云素材并创建传统补间动画

(6)将"走路的斗安珠"进行位移,并创建传统补间动画,如图10-145所示。

图 10 – 145　移动"走路的斗安珠"并创建传统补间动画

（7）切换斗安珠的元件状态，选中"斗安珠""木姐珠"和"云"，右键创建新元件，如图 10 – 146 所示。将新元件拖曳到新图层，并命名为"飞天"，选中新图层"飞天"，右键选择"添加传统运动引导层"，并将不透明度的值设为 0，效果如图 10 – 147 和图 10 – 148 所示。

图 10 – 146　创建新元件

图 10 – 147　飞天效果 1

图 10 – 148　飞天效果 2

（8）选择"库"面板里的声音素材并将其拖曳到新图层，调整好声音的位置，如图 10 –149 所示。接着新建字幕图层，设置文字的大小和位置，效果如图 10 – 150 所示。

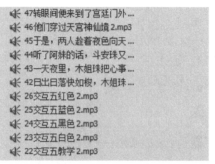

图 10 – 149　将声音素材放入新图层并调整位置

图 10 – 150　添加字幕图层效果

（9）在图层的最后一帧添加空白关键帧，按"F9"键添加跳转下一场景的代码，如图 10 – 151 所示。

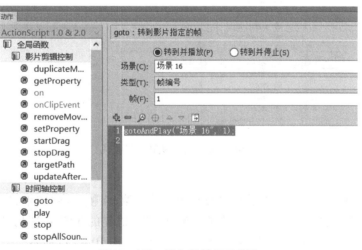

图 10 – 151　添加跳转场景代码

（10）选择场景16，用上述同样的方法添加引导层和调整不透明度，效果如图10－152所示，并在最后一帧按"F9"键添加跳转下一场景的代码，如图10－153所示。

图10－152　对场景16添加引导层和调整不透明度

图10－153　添加跳转场景代码

（11）选择场景17，将素材拖曳到舞台上，选择第94帧，将"成年的斗安珠2（不说话）"切换为"成年的斗安珠2"，选择第146帧，将"成年的斗安珠2"切换为"成年的斗安珠1"，木姐珠状态切换类似，效果如图10－154和图10－155所示。

图 10 - 154　第 94 帧

图 10 - 155　第 146 帧

（12）将小精灵素材拖曳到舞台中，右键选择"添加传统运动引导层"，调整不透明度的值，效果如图 10 - 156、图 10 - 157 所示。

图 10 – 156　添加小精灵素材和引导层 1

图 10 – 157　添加小精灵素材和引导层 2

（13）在最后一帧添加"stop"代码停止动画的播放，代码如图 10 – 158 所示。

（14）在小精灵最后停止的位置添加透明按钮，双击透明按钮，时间轴设置如图 10 – 159 所示。选择透明按钮，按"F9"键添加如图 10 – 160 所示的代码。

图 10 – 158　添加"stop"代码

图 10 – 159　设置动态按钮

```
on (release) {
    gotoAndPlay("场景 开始教学5", 1);
}
on (press) {
    anniu = new Sound();
    anniu.attachSound("anniu");
    anniu.start();
}
```

图 10 – 160　为透明按钮添加代码

（15）选择场景"开始教学 5"，将相关素材拖曳到舞台上，如图 10 – 161 所示。选中"开始教学"按钮，按"F9"快捷键添加代码，如图 10 – 162 所示。

图 10 – 161　场景"开始教学 5"界面

图 10 - 162　为"开始教学"按钮添加代码

（16）选择"跳过"透明按钮，按"F9"键添加关键帧代码，如图 10 - 163 所示。

图 10 - 163　为"跳过"按钮添加代码

（17）进入场景"教学 5"，将相关素材一一转换为影片剪辑元件并放入新图层里。将舞台上元件的不透明度设置为 0，通过创建传统补间动画把各个元件一一显示出来，如图 10 - 164 所示。

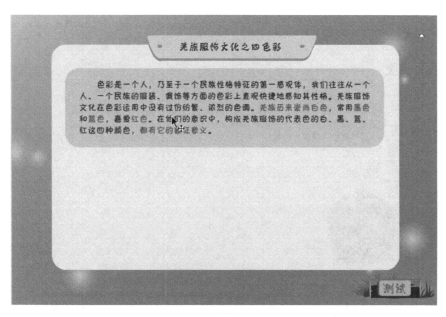

图 10 - 164　场景"教学 5"界面效果

（18）创建新元件并将其重命名为"门（整）"，将门的所有素材全部导进该元件内，在第 10 帧、第 15 帧、第 20 帧、第 25 帧，按"F6"键分别插入关键帧，对影片剪辑元件"门（整）"的位置和大小进行适当的调整，效果如图 10 - 165、图 10 - 166 和图 10 - 167所示。

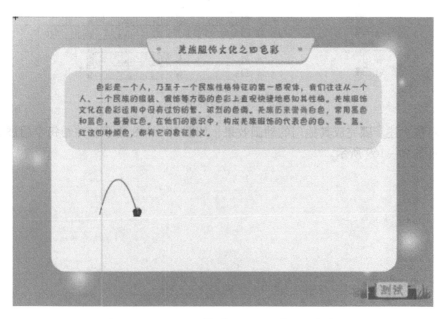

图 10 - 165　调整元件"门（整）"的位置和大小 1

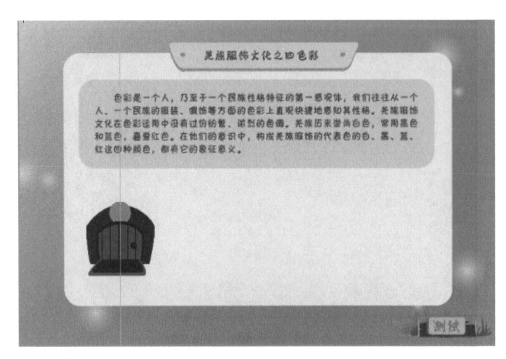

图 10 – 166 调整元件"门(整)"的位置和大小 2

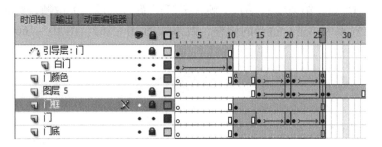

图 10 – 167 时间轴设置

(19)按上述步骤完成其他门的动画效果,如图 10 – 168 所示,并给每个门添加动画代码,如图 10 – 169 所示。

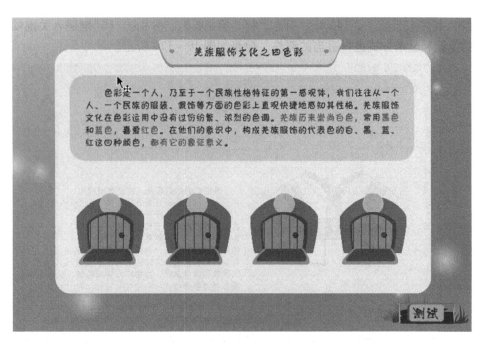

图 10 – 168　完成其他门后的效果

图 10 – 169　给每个门添加动画代码

（20）在第135帧、第142帧、第322帧、第408帧，分别按"F6"键插入关键帧，对素材的位置和显示方式进行适当的调整，效果如图10-170所示。

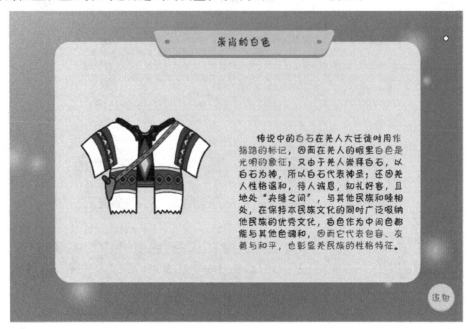

图10-170　调整素材位置和显示方式

（21）选中"返回"透明按钮，按"F9"键添加代码，如图10-171所示。

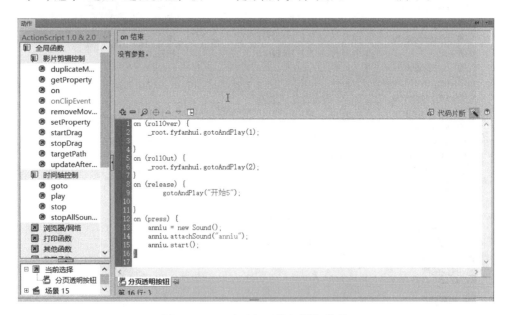

图10-171　为"返回"按钮添加代码

（22）返回"开始教学"界面，选中"测试"透明按钮，按"F9"键添加代码，如图10-172所示。

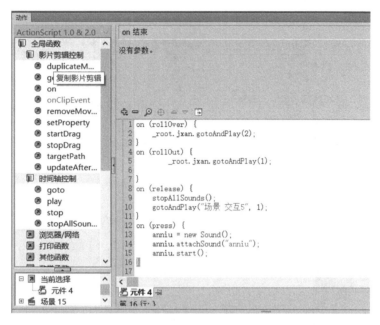

图10-172 为"测试"按钮添加代码

（23）进入场景"交互5"，将相关素材文件一一放置到新图层，分别在第1帧至第5帧添加关键帧，并给每个关键帧添加"stop"代码，停止播放动画，代码如图10-173所示。

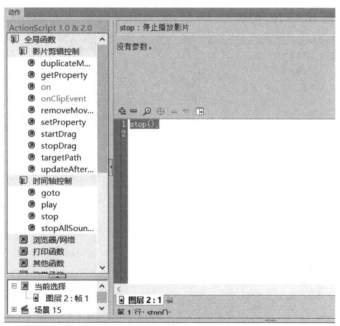

图10-173 添加"stop"代码

（24）新建影片剪辑元件，将四件衣服素材分别放在第1至第4帧，新建图层添加"stop"代码，返回到交互场景界面，分别给"左""右"按钮添加控制切换衣服的代码，如图10－174所示。

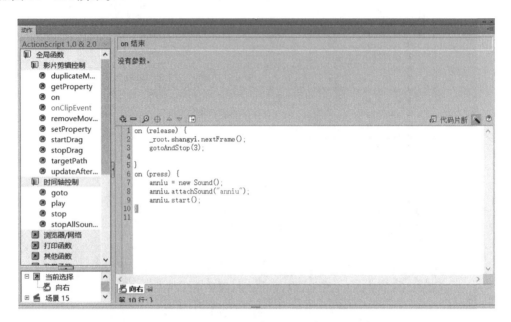

图10－174　给"左""右"按钮添加切换衣服的代码

（25）在正确答案的关键帧里按"F6"键添加关键帧，并给"确定"按钮添加跳转到成功页面的代码，如图10－175所示。给其他答案关键帧里的"确定"按钮添加跳转到失败页面的代码，如图10－176所示。

图10－175　添加跳转到成功页面的代码

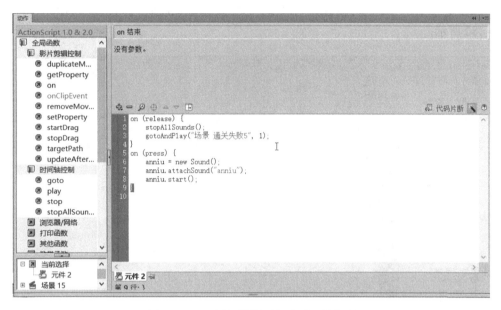

图 10 – 176　添加跳转到失败页面的代码

(26)进入场景"通关成功 5"，通过创建传统补间动画让图层中的元件从小到大显示，如图 10 – 177 所示。

图 10 – 177　通关成功界面

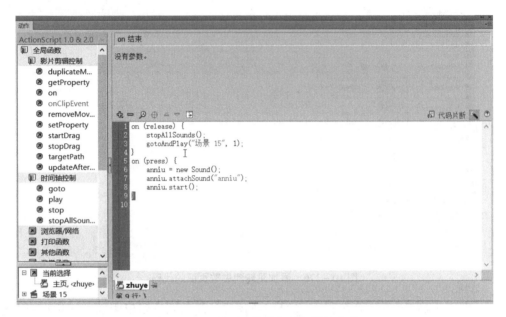

图 10-178　给"主页"按钮添加跳转代码

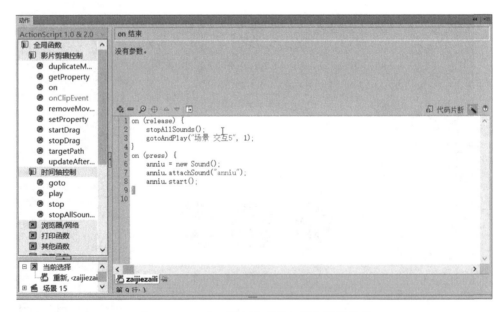

图 10-179　给"再接再厉"按钮添加跳转代码

（27）分别给"主页""再接再厉"和"下一关"按钮添加跳转代码，如图 10-178～图 10-180 所示。

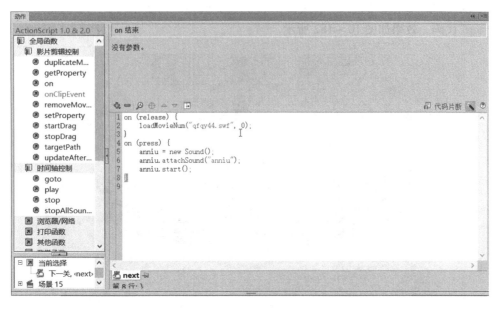

图 10 – 180　给"下一关"按钮添加跳转代码

（28）新建场景"结束"，将所需的素材拖曳到舞台里，选择"图层 2"在第 1 帧和第 56 帧按"F6"键创建关键帧，在两帧之间创建传统补间动画，并选择"图层 2"右击选择添加引导层，效果如图 10 – 181 所示。

图 10 – 181　"结束"场景第 56 帧动画效果

（29）选择"图层2"的第57帧按"F6"键创建关键帧，切换小精灵的素材状态，并添加"stop"代码，效果如图10-182所示。

图10-182　切换小精灵的素材状态后的效果

（30）选择"重播"透明按钮，按"F9"键打开动作窗口添加代码，如图10-183所示。

```
1  on (rollOver) {
2       _root.jxan.gotoAndPlay(2);
3  }
4  on (rollOut) {
5          _root.jxan.gotoAndPlay(1);
6
7  }
8  on (release) {
9       loadMovieNum("index.swf", 0);
10 }
11 on (press) {
12     anniu = new Sound();
13     anniu.attachSound("anniu");
14     anniu.start();
15 }
```

图10-183　为"重播"按钮添加代码

结束场景动画的最终效果如图10-184所示。

图 10 - 184　结束场景的最终效果

10.13　场景 6 的制作

（1）新建 Flash 文件并命名为"qfqy44"，选择"文件→导入→导入到库"命令，在弹出的"导入到库"对话框中选择动画对应的素材文件，单击"打开"按钮，文件被导入到"库"面板中，如图 10 - 185 所示。

（2）单击"时间轴"面板下方的"新建图层"按钮新建图层，并将素材拖进新图层，选中该图层的第 107 帧、第 204 帧、第 241 帧、第 309 帧、第 392 帧、第 470 帧、第 541 帧、第 574 帧、第 649 帧分别按"F6"键插入关键帧，并在这几帧上对父王、木姐珠和斗安珠的说话状态做调整，如图 10 - 186 所示。

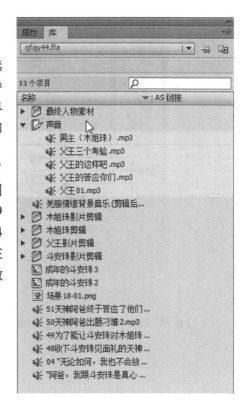

图 10 - 185　将素材文件导入到库

图 10 – 186　调整元件状态

（3）选择文字工具，新建字幕图层，设置文字的大小和位置，效果如图 10 – 187 所示。

图 10 – 187　文字效果

（4）选择"qfqy44"的文件最后一帧，按"F9"键设置跳转代码，如图 10 – 188 所示。

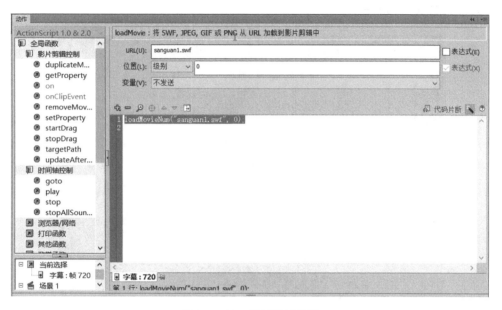

图 10 – 188　设置跳转代码

10.14　游戏三关的制作

10.14.1　第一关的制作

（1）新建 Flash 文件并命名为"sanguan1"，选择"文件→导入→导入到库"命令，在弹出的"导入到库"对话框中选择动画对应的素材文件，单击"打开"按钮，文件被导入到"库"面板中。

（2）将相关素材元件拖曳至舞台，元件的不透明度设置为 0。在第 19 帧、第 29 帧、第 35 帧、第 50 帧分别按"F6"键插入关键帧，通过创建传统补间动画把各个元件逐一显示出来，在最后一帧添加"stop"代码，第一关"开始游戏"界面效果如图 10 – 189 所示。

（3）在第 51 帧按"F6"键添加关键帧，删除游戏提醒的图层，将"开始游戏"替换为"重玩"按

图 10 – 189　第一关"开始游戏"界面效果

钮，效果如图 10-190 所示。

图 10-190　第一关"重玩"界面

（4）在第 52 帧按"F6"键添加关键帧，将拼图素材拖曳到第 52 帧的图层里并进行整理，如图 10-191 所示。

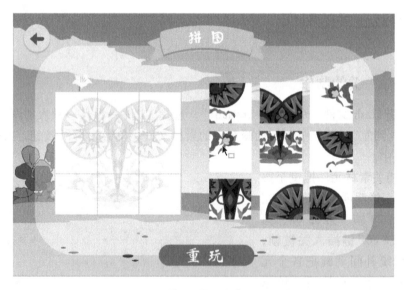

图 10-191　第 52 帧图片素材整理效果

（5）在打乱中的左上角的拼图卡片上右击选择"转换为元件"，类型选择"影片剪辑"，双击进入元件内部，给第 1 帧、第 2 帧和第 5 帧添加代码，如图 10-192～图 10-194所示。

```
1  x = getProperty("/f", _droptarget);
2  if (x == "/ff")
3  {
4      setProperty("/f", _x, getProperty("/ff", _x));
5      setProperty("/f", _y, getProperty("/ff", _y));
6      _root.score+=1;
7      if(_root.score==9){
8
9          _root.gotoAndPlay(53);
10     }
11     gotoAndStop(5);
12     play();
13
14
15 }
```

图 10 – 192　第 1 帧添加代码

图 10 – 193　第 2 帧添加代码

图 10 – 194　第 5 帧添加代码

（6）新建图层 3，在第 10 帧将游戏声音拖进图层里，并在最后一帧添加"stop"代码，如图 10 – 195 所示。其他拼图卡片也参照上述操作进行设置。

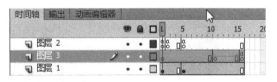

图 10 – 195　图层 3 设置

（7）返回到舞台，新建图层并命名为"时间"，在第 52 帧按"F6"键添加关键帧，选择文本工具设置好文本的大小和位置，并添加动画代码，使通过时间来识别是否在有效时间内完成拼图游戏，如图 10 – 196 所示。

（8）新建图层并命名为"as"，在第50 帧、第 52 帧和第 65 帧按"F6"键添加关键帧，并添加动画代码，如图10 – 197～图 10 – 199 所示。

```
1
2  var mytime1:Date = new Date();
3  time1 = mytime1.getTime() + 1*20*1000;
4  onEnterFrame = function(){
5      var mytime2:Date = new Date();
6      if(( time1 - mytime2.getTime() )/1000 >0){
7  overtime.text = ( time1 - mytime2.getTime() )/1000;
8  }
9      else{overtime.text = 0;
10     if(_root.score==9){
11         nextFrame();
12     }
13     else
14     nextScene();
15         }
16 }
17
```

图 10 – 196　设置时间识别动画代码

图 10-197 "as"图层第 50 帧代码

图 10-198 "as"图层第 52 帧代码

```
1
2  stopAllSounds();
3  gotoAndPlay("场景 通关成功11", 1);
4
```

图 10-199 "as"图层第 65 帧代码

（9）在限定的时间内完成拼图游戏，将会跳到通关成功页面，效果如图 10-200 所示。

图 10-200 通关成功页面

10.14.2 第二关的制作

（1）新建 Flash 文件并命名为"sanguan2"，选择"文件→导入→导入到库"命令，在弹出的"导入到库"对话框中选择动画对应的素材文件，单击"打开"按钮，文件被导入到"库"面板中。

（2）将相关素材元件拖曳至舞台，元件的不透明度设置为0。在第19帧、第29帧、第35帧、第50帧分别按"F6"键插入关键帧，通过创建传统补间动画把各个元件逐一显示出来，在最后一帧添加"stop"代码，第二关"开始游戏"界面如图10-201所示。

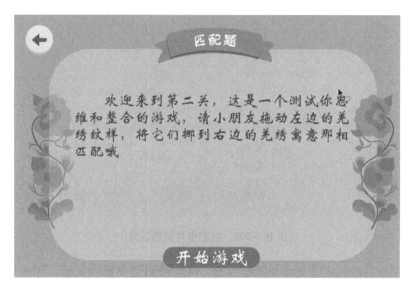

图10-201　第二关"开始游戏"界面效果

（3）在第51帧按"F6"键添加关键帧，删除游戏提醒的图层，将"开始游戏"按钮替换为"重玩"按钮，效果如图10-202所示。

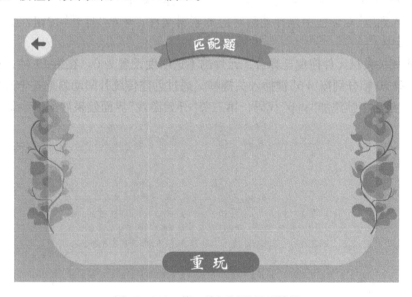

图10-202　第二关"重玩"界面效果

（4）在第52帧按"F6"键添加关键帧，将拼图素材拖曳到第52帧的图层里，整理成如图10-203所示。匹配卡片的动画代码设置可参考第一关。

图 10 - 203   匹配卡片整理效果

（5）在限定的时间内完成卡片匹配游戏，将会跳到通关成功页面，相关设置参照第一关。

10.14.3   第三关的制作

（1）新建 Flash 文件并命名为"sanguan3"，选择"文件→导入→导入到库"命令，在弹出的"导入到库"对话框中选择动画对应的素材文件，单击"打开"按钮，文件被导入到"库"面板中。

（2）将相关素材元件拖曳至舞台，元件的不透明度设置为 0。在第 19 帧、第 29 帧、第 35 帧、第 50 帧分别按"F6"键插入关键帧，通过创建传统补间动画把各个元件逐一显示出来，在最后一帧添加"stop"代码，第三关"开始游戏"界面效果如图 10 - 204 所示。

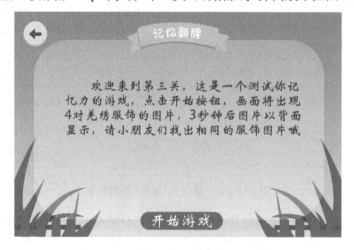

图 10 - 204   第三关"开始游戏"界面效果

（2）在第 51 帧按"F6"键添加关键帧，删除游戏提醒的图层，将"开始游戏"按钮替换为"重玩"按钮，效果如图 10 – 205 所示。

图 10 – 205 第三关"重玩"界面效果

（3）在第 52 帧按"F6"键添加关键帧，将拼图素材拖曳到第 52 帧的图层里，整理成如图 10 – 206 所示。卡片的动画代码设置可参考第一关。

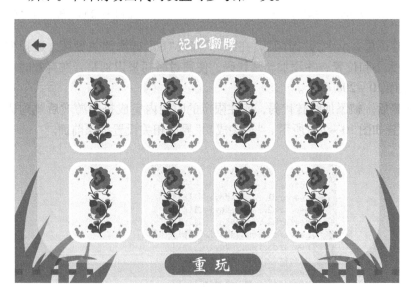

图 10 – 206 第三关游戏翻牌背面界面

（4）新建图层并命名为"as"，在第 51 帧按"F6"键添加关键帧，按"F9"键添加代码，如图 10 – 207 所示。

```
1  cardFront = new Array();
2  i = 1;
3  while (i <= 8) {
4      cardFront[i] = Math.round(i / 2);
5      i++;
6  }
7  i = 1;
8  while (i <= 8) {
9      tem = cardFront[i];
10     k = Math.floor((1 + 8 * Math.random()));
11     cardFront[i] = cardFront[k];
12     cardFront[k] = tem;
13     i++;
14 }
15 i = 1;
16 while (i <= 8) {
17     _root.attachMovie("card", ("newcard" + i), i);
18     with (_root[("newcard" + i)])
19     {
20         _x = 107 + ((i - 1) % 4) * 140;
21         _y = 100+ Math.floor((i - 1) / 4) * 170;
22     }
23     _root[("newcard" + i)].cardNum = i;
24     _root[("newcard" + i)].face = cardFront[i];
25     i++;
26 }
27 _global.first = true;
28 exposedCard = new Array();
29 score = 0;
30
31
```

图 10 - 207　添加代码

```
1
2  var mytime1:Date = new Date();
3  time1 = mytime1.getTime() + 1 * 20
4  onEnterFrame = function () {
5  var mytime2:Date = new Date();
6  if ((time1 - mytime2.getTime()) / 1
7  {overtime.text = (time1 - mytime2.g
8  else {overtime.text = 0;
9  if(_root.score==100){
10     nextFrame();
11
12
13 }
14 else{
15 newcard1.removeMovieClip();
16 newcard2.removeMovieClip();
17 newcard3.removeMovieClip();
18 newcard4.removeMovieClip();
19 newcard5.removeMovieClip();
20 newcard6.removeMovieClip();
21 newcard7.removeMovieClip();
22 newcard8.removeMovieClip();
23 nextScene();}
24 ;}
25 };
26
```

图 10 - 208　添加时间动画代码

（5）新建图层并命名为"时间"，在第 51 帧按"F6"键添加关键帧，选择文本工具设置好文本的大小和位置，并添加动画代码，使通过时间来识别是否在有效时间内完成拼图游戏，如图 10 - 208 所示。

（6）在最后一帧添加跳转代码，使在限定的时间内完成拼图游戏后跳到通关成功页面，代码设置如图 10 - 209 所示。"通关成功"界面相关设置参照前面。

```
1
2  stopAllSounds();
3  gotoAndPlay("场景 通关成功33", 1);
4  newcard1.removeMovieClip();
5  newcard2.removeMovieClip();
6  newcard3.removeMovieClip();
7  newcard4.removeMovieClip();
8  newcard5.removeMovieClip();
9  newcard6.removeMovieClip();
10 newcard7.removeMovieClip();
11 newcard8.removeMovieClip();
```

图 10 - 209　添加跳转代码

10.15　场景 7 的制作

（1）新建 Flash 文件并命名为"qfqy5"，选择"文件→导入→导入到库"命令，在弹出的"导入到库"对话框中选择动画对应的素材文件，单击"打开"按钮，文件被导入到"库"面板中，如图 10-210 所示。

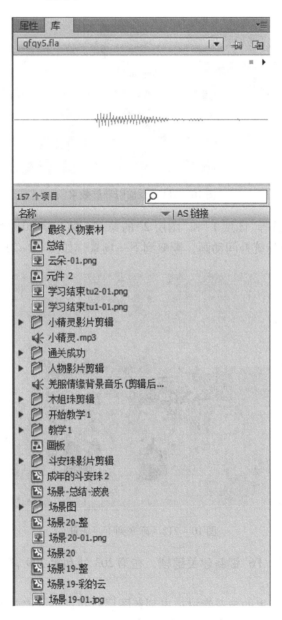

图 10-210　将素材文件导入到库

（2）单击"时间轴"面板下方的"新建图层"按钮，在库里选择"新建元件"，将素材拖进新元件，选中人物图层的第 220 帧，按"F6"键插入关键帧，在第 1 帧和第 220 帧之间创建传统补间动画，并右击添加引导图层，效果如图 10 – 211 所示。

图 10 – 211　添加引导层效果

（3）返回舞台，选择"图层 1"和"图层 2"的第 171 帧和第 201 帧按"F6"键新建关键帧，在两帧之间创建传统补间动画，渐变到下一场景，如图 10 – 212 所示。

图 10 – 212　渐变到下一场景

（4）在第 399 帧按"F6"键新建关键帧，在第 203 帧和第 399 帧之间创建传统补间动画，并调整位置和大小。

（5）选择"库"面板里的声音素材拖曳到新图层，并调整好声音的位置。接着新建字幕新图层，设置文字的大小和位置，效果如图 10 – 213 所示。

图 10-213　字幕效果

（6）在最后一帧添加跳转代码，实现跳转至"总结"场景，如图 10-214 所示。

（7）新建场景"总结"，将"总结"场景里所需的素材拖曳到舞台里，在第 1 帧和第 96 帧按"F6"键创建关键帧，在两帧之间创建传统补间动画，并选择"小精灵"图层右击选择添加引导层，效果如图 10-215 所示。

图 10-214　添加跳转代码

图 10-215　添加小精灵引导层

（8）选择"小精灵"图层，在第 96 帧、第 153 帧和第 176 帧按"F6"键创建关键帧，切换小精灵的状态，如图 10-216 所示。

图 10-216　小精灵状态切换效果

（9）新建图层"画板"，将素材拖进图层中，在第 183 帧和第 198 帧按"F6"键创建关键帧，并实现逐渐显示的效果，如图 10-217 所示。

图 10-217　画板显示效果

（10）新建图层并命名为"画板上的字"，点击文本工具，在舞台中设置文字的大小和位置，选择该图层右击添加"遮罩层"和创建补间形状，使文字呈现逐一出现效果，如图 10 – 218 所示。

图 10 – 218　文字逐一出现效果

(11)选择"画板"图层中的第 1012 帧和第 1030 帧，创建传统补间动画，实现画板逐渐消失的效果，如图 10 – 219 所示。

图 10 – 219　画板消失效果

(12)选择"小精灵不说话"图层中的第 1054 帧和第 1086 帧，创建传统补间动画，并添加引导层，实现小精灵逐渐飞出画面外效果，如图 10 – 220 所示。

图 10-220　小精灵逐渐飞出画面效果

（13）新建场景"结束"，将所需的素材拖曳到舞台，选择"图层 2"，在第 1 帧和第 56 帧按"F6"键创建关键帧，在两帧之间创建传统补间动画，并选择"图层 2"右击选择添加引导层，效果如图 10-221 所示。

图 10-221　"结束"场景小精灵引导层效果

（14）选择"图层 2"的第 57 帧按"F6"键创建关键帧，切换小精灵的素材状态，并给最后一帧添加"stop"代码，效果如图 10-222 所示

图 10 - 222　小精灵状态切换效果

（15）选择"重播"透明按钮，按"F9"键打开动作窗口添加代码，如图 10 - 223 所示。

结束场景的动画的最终效果如图 10 - 224 所示。

```
1  on (rollOver) {
2      _root.jxan.gotoAndPlay(2);
3  }
4  on (rollOut) {
5          _root.jxan.gotoAndPlay(1);
6  
7  }
8  on (release) {
9      loadMovieNum("index.swf", 0);
10 }
11 on (press) {
12     anniu = new Sound();
13     anniu.attachSound("anniu");
14     anniu.start();
15 }
```

图 10 - 223　添加代码

图 10 - 224　结束场景动画最终效果

附录　服务外包在动画行业中的作用

1.1　服务外包的定义及种类

1.1.1　外包的定义

外包是指企业将一些其认为是非核心的、次要的或辅助性的功能或业务外包给企业外部可以高度信任的专业服务机构，利用它们的专长和优势来提高企业整体的效率和竞争力，而自身则仅专注于那些核心的、主要的功能或业务。

外包是企业的一种经营战略，是企业在内部资源有限的情况下，为取得更大的竞争优势，仅保留最具竞争优势的功能，而其他功能则借助于资源整合，利用外部最优秀的资源予以实现。服务外包使企业内部最具竞争力的资源和外部最优秀的资源结合，产生巨大的协同效应，最大限度地发挥企业自有资源的效率，获得竞争优势，提高对环境变化的适应能力。

外包是经典"比较优势理论"的最新实践，是经济发展的必由之路。作为一种经济活动和经营方式，很早就被运用于企业的生产经营之中。简单来说，外包就是做自己最擅长的工作，将不擅长做的工作(尤其是非核心业务)剥离，交给更专业的组织去完成。

1.1.2　外包的种类

从内容上来看，外包可以分为生产外包和服务外包。

1. 生产外包

生产外包，又称制造外包，习惯上称为"代工"，是指客户将本来是在内部完成的生产制造活动、职能或流程交给企业外部的另一方来完成。

生产外包通常是将一些传统上由企业内部人员负责的非核心业务或加工方式外包给专业的、高效的服务提供商，以充分利用公司外部最优秀的专业化资源，从而降低成本、提高效率、增强自身竞争力的一种管理策略。

2. 服务外包

服务外包是以 IT 作为交付基础的服务，服务的成果通常是通过互联网交付与互动，广泛应用于 IT 服务、人力资源管理、金融、会计、客户服务、研发、产品设计等众多领域。服务层次不断提高，服务附加值也明显增大。根据美国邓白氏公司的调查，在全球的企业外包领域中，扩张最快的是 IT 服务、人力资源管理、媒体公关管理、客户服务、市场营销。

服务外包的发展，是紧密伴随着生产制造过程产生的。例如，企业在生产制造前的市场调研、产品设计，生产过程中的生产、物流、库存管理，产品售后的客户服务等都可以外包给专业的公司来完成，这都属于服务外包。

1.2 服务外包的定义与范围

1.2.1 服务外包的定义

关于服务外包的定义，目前国内外有不同的观点。

2006 年，中国商务部《关于实施服务外包"千百十工程"的通知》中指出："服务外包业务"系指服务外包企业向客户提供的信息技术外包服务（ITO）和业务流程外包服务（BPO）；"国际（离岸）服务外包"系指服务外包企业向国外或我国港、澳、台地区客户提供服务外包业务；"服务外包企业"系指根据其与服务外包发包商签订的中长期合同向客户提供服务外包业务的服务外包提供商。

离岸、在岸的界定如图 1 所示（以发包方为在中国内地的企业为例）。

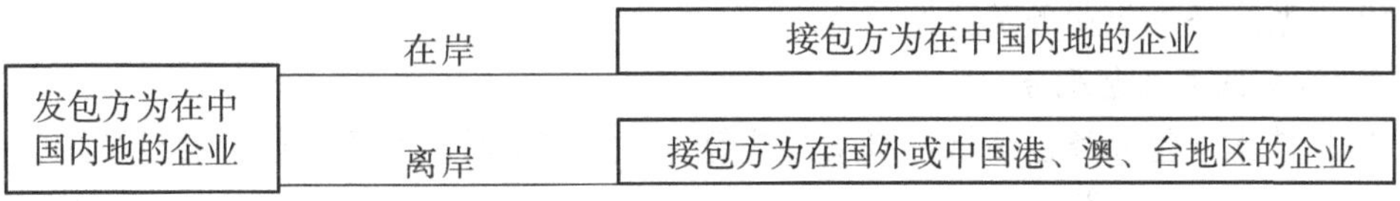

发包方为在中国内地的企业	在岸	接包方为在中国内地的企业
	离岸	接包方为在国外或中国港、澳、台地区的企业

图 1 离岸、在岸的界定

作为全球服务外包接包业务发展最快的国家之一，印度先后使用了两个词汇对应于"outsourcing"一词，分别是 IT – ITES（2006 年之前）和 IT – BP（2007 年后）。IT – ITES（IT-information technology enabled services），定义为一种以 IT 作为交付基础的服务，服务的成果通常是通过互联网交付。

美国高德纳咨询公司按最终用户与 IT 服务提供商所使用的主要购买方法将 IT 服务市场分为离散式服务和外包（服务外包）。服务外包又分为 IT 外包（ITO）和业务流程外包（BPO），图 2 为服务外包定义解析图。

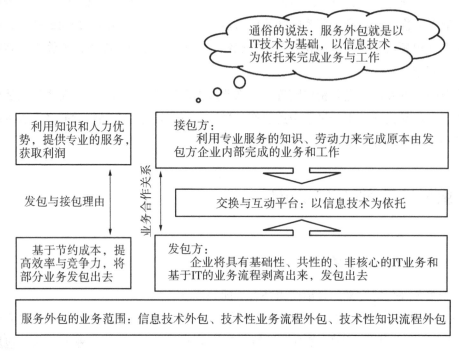

图2　服务外包定义解析图

1.2.2　服务外包业务范围

2006年财政部、国家税务总局、商务部、科技部、国家发展改革委员会联合发布的《关于技术先进型服务企业有关税收政策问题的通知》（财税〔2010〕65号）中指出了技术先进型服务外包业务及适用范围。

1. 信息技术外包服务

信息技术外包服务包括软件研发及外包、信息技术研发服务外包、信息系统运营维护外包，见表1～表3。

表1　软件研发及外包类别与适用范围

类　别	适用范围
软件研发及开发服务	用于金融、政府、教育、制造业、零售、服务、能源、物流和交通、媒体、电信、公共事业和医疗卫生等行业，为用户的运营、生产、供应链、客户关系、人力资源和财务管理，计算机辅助设计/工程等业务进行开发，包括定制软件开发，嵌入式软件、套装软件开发，系统软件开发，软件测试等
软件技术服务	软件咨询、维护、培训、测试等技术性服务

表2 信息技术研发服务外包类别与适用范围

类　　别	适用范围
集成电路和电子电路设计	集成电路和电子电路产品设计及相关技术支持服务等
测试平台	为软件、集成电路和电子电路的开发运用提供测试平台

表3 信息系统运营维护外包类别与适用范围

类　　别	适用范围
信息系统运营和维护服务	客户内部信息系统集成、网络管理、桌面管理与维护服务；信息工程、地理信息系统、远程维护等信息系统应用服务
基础信息技术服务	基础信息技术管理平台整合、IT基础设施管理、数据中心、托管中心、安全服务、通信服务等基础信息技术服务

2. 技术性业务流程外包服务

技术性业务流程外包服务的类别及适用范围如表4所示。

表4 技术性业务流程外包类别与适用范围

类　　别	适用范围
企业业务流程设计服务	为客户企业提供内部管理、业务运作等流程设计服务
企业内部管理服务	为客户企业提供后台管理、人力资源管理、财务、审计与税务管理、金融支付服务，医疗数据及其他内部管理业务的数据分析、数据挖掘、数据管理、数据使用等服务；承接客户专业数据处理、分析和整合服务
企业运营服务	为客户企业提供技术研发服务，为企业经营、销售、产品售后服务提供应用客户分析、数据库管理等服务。主要包括金融服务业务，政务与教育业务，制造业务，生命科学，零售、批发、运输业务，卫生保健业务，通信与公共事业业务，呼叫中心，电子商务平台等
企业供应链管理服务	为客户提供采购、物流的整体方案设计及数据库服务

3. 技术性知识流程外包服务

技术性知识流程外包服务的类别与适用范围如表5所示。

表5 技术性知识流程外包类别与适用范围

类　　别	适用范围
技术性知识流程外包服务	知识产权研究、医药和生物技术研发和测试、产品技术研发、工业设计、分析学和数据挖掘、动漫及网游设计研发、教育课件研发、工程设计等领域

1.3　CG 外包应用

　　CG(computer graphics)指通过计算机生成的数字化动漫内容。区别于传统手绘二维，CG 主要为三维的形式，Flash 制作的二维内容也统称到 CG 内容中。全球范围内，CG 应用已经拓展到影视、游戏、建筑应用、医疗、工业设计、文化教育等众多领域，具备一定规模并以较高的速度增长。

　　1. 影视

　　CG 动画在过去十多年处于起步阶段，主要为皮克斯（PIXAR）、梦工厂（DREAMWORKS）等公司的动画制作服务。近些年来，随着三维 CG 动画电影取得巨大成功，观众对三维动画形式的认可，以及硬件技术和 CG 商用制作软件的发展和普及，欧美主要动画制作商、发行商均开始从二维转向三维。1995—2005 年，全球共发布了 14 部 CG 动画电影，而 2006—2008 年，已经预定发布日期的 CG 动画电影就有 19 部。

　　2. 游戏

　　全球范围内，视觉游戏是游戏市场的绝对主导，视觉游戏新硬件平台微软 Xbox360 以及 Sony PS3 的推出不仅刺激游戏整个行业的增长，同时其更强大的图形处理能力要求更高端的游戏美术内容。绝大部分视觉游戏的美术部分是三维 CG 内容，部分是 Flash 内容。

　　3. 专业应用

　　在建筑应用(楼盘展示和城市规划)、工业设计、医疗模拟、虚拟现实等领域，三维 CG 动画已经得到大规模应用。在文化教育领域，三维 CG 以及 Flash 动画已经开始应用(如考古虚拟复原、网上教学等)。

　　4. 数字内容

　　随着移动设备的普及以及带宽的增加，预计对基于移动设备的内容存在较大需求，而 Flash 是在移动设备上具备良好表现效果的内容形式。

1.3.1　产业模式

　　1. 原创(国外典型)

　　从创意到制作，制作商全部自行投资，完全拥有作品 IP。通常在策划完成阶段，制作商与发行商达成发行协议：发行商负责发行作品，由作品产生的收入首先用以弥补发行商发行成本，制作商还需按照作品直接收入的百分比(8% 左右)向发行商支付发行费用。制作商获取扣除发行费用后的作品收入，以及以后基于作品 IP 的衍生品的版税。

　　2. 原创(国内典型)

　　从创意、制作到发行，制作商全部自行投资完成，完全拥有作品 IP。目前国内的动画作品主要为电视，发行渠道主要为电视台。电视台按分钟向制作商支付费用或者交换贴片广告。国内衍生品市场不发达，很少能为制作商贡献收入。国内的原创动画制作商几乎均采取此模式。

3. 联合制片

分为两种情形：

(1) 创意、策划过程由制作商投资，完成剧本和预售短片后，预售给发行商，并与发行商达成发行和投资协议；制作过程由发行商和制作商共同投资，分享作品 IP。由作品产生的收入首先用以弥补发行商发行成本，制作商还需按照作品直接收入的百分比 (8% 左右) 向发行商支付发行费用。制作商和发行商分享扣除发行成本和发行费用后的作品收入，以及以后基于作品 IP 的衍生品的版税。典型例子为皮克斯和迪士尼 (Disney) 合作模式。

(2) 创意、策划过程由发行商或制作商投资。完成剧本后，发行商或者制作商寻求制作外包服务商联合制作。制作外包服务商以降低制作服务费用的形式投资，分享作品 IP。其他与上一种情形相同。

4. 制作外包

分为两种情形：

(1) 制作外包服务商为发行商或电视台提供完整动画作品的制作服务，仅获取服务费，不拥有作品 IP。这种情形多以电视节目为主，典型例子为意马 (IMAGI) 为梦工厂制作电视节目。

(2) 制作外包服务商为其他制作商提供制作流程中部分环节的制作服务，动画作品通常为制作部分，真人电影通常为后期制作部分。典型例子为佳洁士 (Crest)、幸星。

1.3.2 CG 制作外包趋势

外包的模式已经被软件和 IT 服务外包的成功证实，未来 IT 相关外包的市场将高速增长。CG 的制作正日益全球化，离岸外包的比例在逐渐增加。以印度为例，2004 年全年动画制作外包服务量，在 2 亿~3 亿美元，相对于全球动画制作规模非常小，但据印度软件和服务业企业行业协会 (NASSCOM) 估计，印度动画制作外包服务量能够实现 200% 增长。专注于三维 CG 动画外包的印度公司佳洁士，2004 年动画制作服务收入为 570 万美元，相对于 2003 年增长 84%。

欧美和日本是 CG 制作内容需求和消费的主要市场，欧美和日本影视以及游戏制作商、发行商寻求离岸外包的需求已经十分明显，主流的厂商均开始外包的尝试和增加外包的比例。

1.3.3 外包模式下的中国机会

(1) CG 制作外包服务的成功关键要素分析，如图 3 所示。

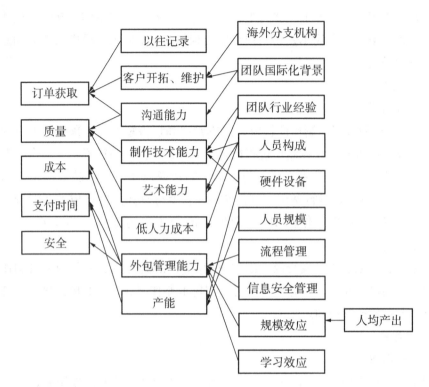

图3 CG外包要素

（2）CG制作外包服务特点：

①技术壁垒（制作技术、艺术能力）；

②硬件设备壁垒；

③客户集中度高（影视领域主要为欧美大、中型制片商、发行商；游戏领域主要为欧美和日本游戏开发商、发行商）；

④客户导入期长；

⑤人力成本为主要成本；

⑥学习效应明显。

参考文献

[1] （美）Jen deHaan. Flash MX2004 网页动画制作标准教材[M]. 周辉，侯春望，张振中，等，译. 北京：电子工业出版社，2004.

[2] 薛欣. ADOBE FLASH CS5 PROFESSIONAL 标准培训教材[M]. 北京：人民邮电出版社，2010.

[3] 余贵滨. ADOBE FLASH PROFESSIONAL CC 标准培训教材[M]. 北京：人民邮电出版社，2014.

[4] 杨仁毅. 边用边学 Flash 动画设计与制作[M]. 北京：人民邮电出版社，2010.